Bericht über die vierte Versammlung

der

Freien Vereinigung

Bayrischer Vertreter der angewandten Chemie

zu

Nürnberg

am 7. und 8. August 1885.

Herausgegeben

von

Dr. A. Hilger und **Dr. R. Kayser,**
als Mitglieder des geschäftsführenden Ausschusses.

Mit zwei Holzschnitten.

Springer-Verlag Berlin Heidelberg GmbH 1886

ISBN 978-3-662-39119-8
DOI 10.1007/978-3-662-40102-6

ISBN 978-3-662-40102-6 (eBook)

Inhaltsverzeichniss.

Die Versammlung wurde am 7. August, Vormittags 9 Uhr, in den oberen Räumen der Gesellschaft »Museum« eröffnet.

Anwesend waren als Gäste:

Kaiserl. Regierungsrath Prof. Dr. Sell, Berlin, als Vertreter des Reichsamtes des Innern.

Königl. Obermedicinalrath Dr. v. Kerschensteiner, München.

Königl. Ministerialrath Kahr, München, als Vertreter des königl. bayer. Staatsministeriums des Innern.

Königl. Kreismedicinalrath Dr. Martius, Ansbach.

Königl. Bezirksamtmann Gareis, Nürnberg.

Königl. Oberzollrath Geiger, München, als Vertreter des königl. Finanzministeriums.

Königl. Oberzollinspector Widmann, Nürnberg.

Freiherr O. v. Stromer, I. Bürgermeister der Stadt Nürnberg.

Friedr. Langhans, Bürgermeister, Fürth.

Th. Omais, stud. chem.

Dr. Schobig, Chemiker, Berlin.

Hans Schlegel, Assistent der königl. Industrieschule, Nürnberg.

Dr. Wilhelm Fresenius, Wiesbaden.

Iwata Nakasowa, Chemiker, Tokio (Japan).

Alfred Schneider, cand. chem., Erlangen.

A. Boettiger, Assistent des Laboratoriums f. angew. Chemie, Erlangen.

Dr. Weigmann, Assistent der Versuchsstation, Münster i. W.

Dr. Schütze, I. Assistent des Laboratoriums f. angew. Chemie, Erlangen.

M. Bömer, stud. chem., Erlangen.

Carl Puscher, Nürnberg.

Als Mitglieder:

Director L. Aubry-München.

Apotheker R. Barthel-Burghaslach.

Apotheker Aug. Beckh-Nürnberg.

Apotheker Aug. Boettiger-Erlangen.

Kreismedicinalrath Dr. Egger-Bayreuth.

Dr. Ed. Ebermayer-Nürnberg.
Apotheker Göschel-Nürnberg.
Dr. Holzner-Weihenstephan.
Dr. Halenke-Speyer.
Dr. Hagen-Nürnberg.
Dr. Herz-Würzburg.
Dr. Hilger-Erlangen.
Dr. Kappel-Erlangen.
Kellner-Fürth.
Dr. Kellermann-Wunsiedel.
Dr. Kaemmerer-Nürnberg.
Dr. R. Kayser-Nürnberg.
Dr. Langhans-Fürth.
Dr. Linthorst-Nürnberg.
Dr. Medicus-Würzburg.
Dr. G. Merkel, Medicinalrath, Nürnberg.
Dr. Metzger-Nürnberg.
Dr. J. Mayrhofer-Erlangen.
G. Marquard-Nürnberg.
Dr. Theodor Oppler-Doos bei Nürnberg.
Ott-Freising.
Dr. Röse-Erlangen.
Dr. Röttger-Erlangen.
Dr. H. Redenbacher-Beilngries.
Dr. Rotter-München.
Dr. v. Raumer-Würzburg.
Dr. Stockmeier-Nürnberg.
Dr. Sendtner-München.
Dr. Hans Vogel-Memmingen.
Apotheker Th. Weigle-Nürnberg.
Apotheker Weysch-Nürnberg.

Der Vorsitzende, Professor Dr. Hilger-Erlangen, eröffnet die Versammlung und begrüsst die Vertreter des Reiches und des bayr. Staatsministeriums, sowie die zahlreich erschienenen Gäste. In einer längeren Ansprache gedenkt derselbe der Gründung und der von Jahr zu Jahr lebhafter und erfolgreicher sich entwickelnden Thätigkeit der freien Vereinigung, deren Bestreben dahin gerichtet ist, nicht bloss auf dem Gebiete der Nahrungsmittelchemie sondern auf dem Gesammtgebiete der angewandten Chemie thätig zu sein, gemachte Erfahrungen auszutauschen, über Untersuchungsmethoden Einheit zu erzielen, die Beurtheilung der Untersuchungsresultate weiter auszubilden, zum Zwecke der Handhabung der administrativen Massregeln. Letzteres zu erreichen, ist vor Allem auch die lebhafte Unterstützung von Seiten der Vertreter der Medicin und Hygiene geeignet. Es wird ferner der Bedeutung der alljährlichen Versammlungen gedacht, welche in erster Linie der Arbeit gewidmet sind und, wie die Erfahrung gezeigt hat, den grossen Werth besitzen, dass Meinungsdifferenzen durch den Ideenaustausch beseitigt werden, durch den persönlichen Verkehr Anregung gegeben wird, dazu bestimmt, neue wissenschaftliche Fragen zu bearbeiten, gemachte Erfahrungen zu prüfen, wodurch das Forschungsgebiet stets Erweiterung und neue Stütze erfährt. Die bisherige Thätigkeit der Vereinigung, die Resultate ihrer Versammlungen bethätigen zur Genugthuung aller Mitglieder, Freunde und Interessenten dieses Kreises im vollsten Masse das Ausgesprochene.

Ministerialrath Kahr-München begrüsst die Versammlung im Namen Sr. Excellenz des Herrn Staatsministers des Innern Freiherrn von Feilitzsch.

Der Vorsitzende theilt mit, dass das Ausschussmitglied Dr. E. List-Würzburg leider durch Krankheit verhindert sei, an der Versammlung theilzunehmen, ebenso das erfolgte Ableben des Vereinigungsmitgliedes Dr. Zimmermann-München und ersucht die Versammlung, das Andenken des Geschiedenen durch Erheben von den Sitzen zu ehren.

Hierauf folgen geschäftliche Mittheilungen des Ausschusses über das abgelaufene Jahr. Die Mitgliederzahl betrug 89. Die Cassenverhältnisse stellen sich wie folgt:

Activrest (84)	44 M.	— Pf.
Beiträge	336 =	— =
Summa der Einnahmen	380 M.	— Pf.
Ausgaben	251 =	87 =
Activrest (85)	128 M.	13 Pf.

Bezüglich des geschäftlichen Verkehrs theilt der Vorsitzende mit, dass im vergangenen Jahre 6 Sitzungen des geschäftsführenden Ausschusses stattfanden. Der Verkehr unter den Mitgliedern wurde durch die bereits erschienenen Correspondenzen angebahnt, welche nicht etwa als Zeitschriften zu gelten haben, sondern einen mehr privaten Charakter tragen, und weshalb auch für dieselben zweckmässig für die Folge die Form kurzer brieflicher Mittheilungen zu wählen sein wird. Eine recht rege Betheiligung und Unterstützung der Correspondenzen seitens der Mitglieder der Vereinigung sei in hohem Grade erwünscht und für die gestellten Aufgaben fördersam. Die Verzögerung der Herausgabe der Motive zu den getroffenen Vereinbarungen ist durch sehr spätes Einliefern der Beiträge seitens einzelner Mitglieder veranlasst worden, jedoch sei jetzt auf das Erscheinen der Motive bis Ende September, spätestens Anfang October mit Sicherheit zu rechnen. Der Vorsitzende legt die bereits fertig gestellten fünf ersten Druckbogen vor und theilt mit, dass jedes Mitglied von der Verlagsbuchhandlung ein Freiexemplar erhalten werde.

Anträge des geschäftsführenden Ausschusses.

Hilger-Erlangen schlägt als Referent die Bildung von ständigen Commissionen vor, die je unter der Leitung eines Vorstandes bestimmte Arbeitsgebiete zugewiesen erhalten und direct mit dem geschäftsführenden Ausschusse zu verkehren haben. Hiervon sei ein festerer Zusammenschluss der Mitglieder sowie eingehendere Bearbeitung der einzelnen Fragen zu erhoffen. Einstweilen werden ständige Commissionen für folgende Abtheilungen in Vorschlag gebracht: 1. Milch, 2. Bier, 3. Wein, Essig, Spirituosen, 4. Wasser, 5. Fette, 6. Mehl, Gewürze, Wurstwaaren, 7. Chocolade, Cacao, Conditoreiwaaren, Fruchtsäfte, 8. Gebrauchsgegenstände, 9. Gewebe, 10. Farben, Spielwaaren, Tapeten, 11. Metallgefässe, 12. Heizung und Ventilation.

Diskussion.

Halenke-Speyer fürchtet eine Ueberbürdung der einzelnen Mitglieder durch die Commissionsarbeiten. Obermedicinalrath Dr. v. Kerschensteiner-München hält die Ausdehnung der Thätigkeit der Vereinigung auf Gebiete wie: Heizung und Ventilation für zuweit gegriffen und befürchtet eine hierdurch bewirkte Zersplitterung der Arbeitskraft der Vereinigung. Halenke-Speyer hält es für zweckmässiger, von der Bildung ständiger Commissionen abzusehen und dafür die nöthigen Bearbeitungen einzelner Fragen jährlich zu bildenden Commissionen zu überweisen. Kayser-Nürnberg befürwortet die Bildung ständiger Commissionen; erweise sich diese Einrichtung als nicht zweckmässig, so sei die Vereinigung schon nach einem Jahre in der Lage, sie abändern zu können. Hilger-Erlangen betont, dass mit dem Antrage des geschäftsführenden Ausschusses besonders eine genaue Präcisirung der für die Thätigkeit der freien Vereinigung einstweilen in Betracht kommenden Arbeitsgebietes bezweckt sei. Die jährliche Bildung von Commissionen sei aus praktischen Gründen schwer durchzuführen. Dadurch, dass als Vorstände der einzelnen ständigen Commissionen solche Mitglieder gewählt werden, welche das betreffende Gebiet voll beherrschen, sei eine Garantie dafür geboten, dass Erspriessliches geleistet werde. Er sei übrigens nicht abgeneigt, die Commissionen für Gewebe sowie für Heizung und Ventilation als einstweilen vielleicht nicht durchaus erforderlich fallen zu lassen. Halenke-Speyer ist im Principe auch für die Bildung ständiger Commissionen, wenngleich er keine so grossen Unterschiede zwischen ständigen und jährlich zu wählenden Commissionen finden kann. Medicus-Würzburg befürwortet die Bildung ständiger Commissionen, in welchen die Arbeiten von den Vorständen gewissermassen vertheilt werden müssten, alsdann habe der Vorstand der einzelnen Commission eine Verantwortung für die Leistungen derselben und es sei hierdurch die grösstmögliche Garantie für eine rege Thätigkeit der Commissionen geboten. Hilger-Erlangen bemerkt, dass durch die Commissionen auch eine Entlastung des geschäftsführenden Ausschusses herbeigeführt und Material für die Jahresversammlungen geschaffen werden würde. Halenke-Speyer wünscht, dass nach Möglichkeit verhindert werde, dass Mittheilungen in den Correspondenzen in andere Zeitungen übergehen, da die Correspondenzen doch meist nur kurze Mittheilungen und Erfahrungen enthielten, die als noch nicht abgeschlossene Arbeiten zu betrachten seien. Hilger-Erlangen erklärt, dass dem von Halenke-Speyer ausgesprochenen Wunsche thunlichst entsprochen werden solle, ganz werde sich das allerdings wohl kaum erreichen lassen.

Beschluss:

Es sollen ständige Commissionen für 1. Milch, 2. Bier, 3. Wein, Essig, Spirituosen, 4. Wasser, 5. Fette, 6. Mehl, Gewürze, Wurstwaaren, 7. Chocolade, Cacaofabrikate, Conditorwaaren, Fruchtsäfte, 8. Gebrauchsgegenstände, 9. Farben, Spielwaaren, Tapeten gebildet werden. Der Antrag wird einstimmig angenommen.

Zur festgestellten Tagesordnung der wissenschaftlichen Fragen und Referate übergehend, theilt der Vorsitzende der Versammlung mit, dass sich eine Abänderung der Tagesordnung erforderlich mache, da eine Anzahl von bei den einzelnen Gegenständen besonders betheiligten Mitgliedern erst am zweiten Tage der Versammlung erscheinen könne.

R. Kayser-Nürnberg beantragt als Referent die Fassung folgender Resolution: Bei der Beurtheilung der Reinheit des Weines können die für Extract und sogenannten Extractrest von der im April 1884 vom Reichsamte des Innern einberufenen Sachverständigencommission angenommenen Zahlen nach inzwischen gemachten Erfahrungen nicht mehr als ausschlaggebende betrachtet werden. Referent begründet den Antrag durch Vorlegung einer Anzahl von Belegen für die Unzulässigkeit der in Frage kommenden Grenzzahlen, welche, aus Gerichtsacten stammend, sich auf innerhalb des letzten Jahres vorgekommene Fälle beziehen. Hilger-Erlangen führt an der Hand von analytischen Resultaten, welche sich auf sogenannte kleine Weine beziehen (z. B. gewisse Mosel- und Frankenweine, Württemberger Weine) den Nachweis, dass in ihnen vielfach ein Extractgehalt von 1,5 g in 100 ccm nicht erreicht werde. Er theilt unter Anderem folgende Analysenresultate mit:

	Extract	Säure (fixe)
Moselweine:	1,32 $^0/_{00}$	0,65 $^0/_{00}$
	1,46 $^0/_{00}$	0,71 $^0/_{00}$
	1,28 $^0/_{00}$	0,59 $^0/_{00}$
Frankenweine: . . .	1,62 $^0/_{00}$	0,76 $^0/_{00}$
	1,49 $^0/_{00}$	0,74 $^0/_{00}$
	1,96 $^0/_{00}$	0,92 $^0/_{00}$
Württemberger Weine:	1,43 $^0/_{00}$	0,64 $^0/_{00}$
	1,50 $^0/_{00}$	0,67 $^0/_{00}$
	1,39 $^0/_{00}$	0,57 $^0/_{00}$

Halenke-Speyer stimmt dem Vorredner zu, bemerkt jedoch, dass bei der Untersuchung von Pfälzer Weinen ihm derartige niedrige Extractmengen noch nicht vorgekommen seien. Redner hebt ferner jene Missstände hervor, die sich aus den erwähnten Thatsachen bei der gerichtlichen Verhandlung ergeben. Fresenius-Wiesbaden hält es für erforderlich, dass jährlich eine Reihe von Untersuchungen solcher notorisch reiner Weine ausgeführt werde, welche aus Gegenden stammen, deren Weine erfahrungsgemäss grössere Verschiedenheiten in ihrer Zusammensetzung zeigen, es bezieht sich das hauptsächlich auf Mosel-,

Franken-, sowie Badische Weine. Auf diese Weise könne ein statistisches Material gesammelt werden, aus welchem sich gewisse charakteristische Merkmale für die Weine bestimmter Gegenden und bestimmter Jahrgänge ergeben würden. Hilger-Erlangen begrüsst den Vorschlag hinsichtlich der Einführung einer derartigen Weinstatistik als eine der nächsten und wichtigsten Aufgaben der Weincommission. Medicus-Würzburg macht darauf aufmerksam, wie wünschenswerth es überhaupt sei, bei Weinuntersuchungen stets Lage und Jahrgang des betreffenden Weines zu kennen. Kayser-Nürnberg macht auf die Schwierigkeiten aufmerksam, welche das in sehr vielen Fällen stattfindende Verschneiden der Weine einer Erfüllung der Wünsche des Vorredners machen dürfte. Fresenius-Wiesbaden glaubt dagegen nicht, dass Verschnittweine so sehr das Charakteristische von Lage und Jahrgang eingebüsst haben werden. Halenke-Speyer bemerkt zu dem betreffenden Passus der Commissionsbeschlüsse, dass es doch eigentlich Sache des Chemikers sei, in gerichtlichen Fällen dem Richter klar zu machen und zu beweisen, dass derartige Weine (unter $1{,}5\ \tfrac{0}{0}$ Extract) vorkommen, ohne dass dieselben gefälscht seien, während nach den Commissionsbeschlüssen es dem Angeklagten überlassen sei, einen derartigen Beweis herbeizuführen. Fresenius-Wiesbaden glaubt, dass bei einem Minderbefunde des Extractgehaltes (als $1{,}5\ \tfrac{0}{0}$) man nicht eher ein endgültiges Gutachten abgeben dürfe, als bis man sich durch Vornahme von Untersuchungen analoger Belegweine orientirt habe. Ministerialrath Kahr-München giebt hierauf eingehende Aufklärungen über die verschiedenen während der Diskussion berührten juristischen Momente.

Beschluss:

Die von Kayser und Hilger vorgeschlagene Resolution wird einstimmig angenommen, ferner erklärt sich die Versammlung damit einverstanden, dass von dieser Resolution der zuständigen Behörde bezw. dem Reichsamte des Innern Kenntniss gegeben werde. Ferner wird folgende Resolution einstimmig angenommen: Es ist in vielen Fällen für die chemische Beurtheilung eines Weines erforderlich, Lage und Jahrgang desselben zu kennen. Auf diesen Umstand wird zweckmässig bereits bei der Voruntersuchung Rücksicht zu nehmen sein.

Referat über Essiguntersuchungen

von Dr. Stockmeier-Nürnberg.

Bei der Untersuchung des Essigs handelt es sich um:

a) Bestimmung des Gehaltes an Essigsäure,
b) qualitativen Nachweis von Mineralsäuren,
c) quantitativen Nachweis der Mineralsäuren,
d) Nachweis scharf schmeckender vegetabilischer Stoffe,
e) Nachweis und Bestimmung schädlich wirkender Metalle.

a. Die Bestimmung der Essigsäure geschieht entweder durch Titration mit Normalalkali (Indicator Lakmus, wenn nöthig, Tüpfelprobe) oder mit Barythydrat (Indicator Phenolphtalein).

b. Der qualitative Nachweis der Mineralsäuren basirt auf dem Verhalten zu Methylviolett; dieses wird durch geringe Mengen von Mineralsäuren blau, durch grössere grün gefärbt. Es ist nothwendig, dass der Essig bis auf $2\frac{0}{0}$ Essigsäuregehalt verdünnt wird. Ferner ist absolut nothwendig, dass stets ein und dasselbe Methylviolett zur Anwendung gelangt.

Von allen (acht) in Betracht gezogenen zeigt sich für den Zweck am besten geeignet Methylviolett B 2 No. 56 der Farbenfabrik Bayer & Co. in Elberfeld. Dies ist ein Gemenge von gewöhnlichem Methylviolett mit benzyliertem Methylviolett. Es lassen sich damit noch $0{,}05$—$0{,}02\frac{0}{0}$ Mineralsäure erkennen; es ist gut, wenn man sich durch Versetzen eines $2\frac{0}{0}$ mineralsäurefreien Essigs mit obigem Violett eine Vergleichsprobe herstellt. Die Farbe des Essiges (ob Couleur, Heidelbeer, Alkannin, ja selbst Fuchsin) ist dabei ohne Einfluss.

Die Methylviolettlösung wird durch Lösung von $0{,}01$ g Farbstoff in 100 g Wasser erhalten.

c. Die quantitative Mineralsäurebestimmung wird nach O. Hehner ausgeführt, indem man den Essig mit einem bestimmten Quantum $\frac{1}{10}$ Normalalkali übersättigt, zur Trockne bringt, vorsichtig einäschert und dann mit einer überschüssigen Menge von $\frac{1}{10}$ Normalschwefelsäure zersetzt. Schliesslich wird mit $\frac{1}{10}$ Normalalkali zurücktitrirt und auf diese Weise der ursprüngliche Mineralsäuregehalt ermittelt.

Die mitgetheilten Beleganalysen von O. Hehner befriedigen; die Methode kann nur dann ungenaue Resultate liefern, wenn ein stark salpetersaure Salze haltendes Wasser zur Darstellung des Essiges benutzt wurde, weil diese beim Einäschern unter Oxydation der organischen Substanz in Carbonate übergehen.

d. Bei der Erkennung scharf schmeckender Stoffe wird vorsichtig mit Soda neutralisirt und dann concentrirt. Bei normalen Essigen schmeckt das Concentrationsprodukt höchstens schwach salzig, im anderen Falle tritt der charakteristische Geschmack der scharfen Stoffe hervor.

e. Die Erkennung von Metallen findet nach allgemein üblichen Methoden statt.

Zur Unterscheidung des Holzessiges von anderen Essigen kann die von Victor Meyer hervorgehobene Furfurolreaction nicht dienen, da Jorisson auch in Alkoholen Furfurol als Gährungsproduct nachgewiesen hat und dieses sich also auch in Spritessigen finden kann. In der That haben eine grössere Menge Spritessige die Furfurolreaction gegeben.

Ebenso erscheint es vorderhand verfrüht, analytische Unterscheidungsmerkmale der einzelnen Essigsorten wie Bier-, Wein-, Fruchtessige etc. anzugeben.

Da sich besonders in ländlichen Verkaufsläden Essige finden, die nur 1—$2\frac{0}{0}$ Essigsäure enthalten, möge angestrebt werden, dass ein Speiseessig nicht unter $4\frac{0}{0}$ Essigsäure enthalte.

Diskussion.

Vogel-Memmingen fragt an, ob nicht auch Zusätze von organischen Säuren, z. B. Oxalsäure, zum Essig vorkämen resp. vorkommen könnten und ob nicht auch auf eine derartige Eventualität bei der Essiguntersuchung Rücksicht zu nehmen sei? Stockmeier-Nürnberg erwidert hierauf, dass er noch nie von derartigen Vorkommnissen gehört habe, der Nachweis eines derartigen Zusatzes sei ja im Uebrigen leicht zu führen und werde er bei der Ausarbeitung seines Referates hierauf Rücksicht nehmen. Hilger-Erlangen glaubt auch nicht, dass Oxalsäure als Verfälschungsmittel des Essigs jemals verwendet worden sei, eher sei dies von der Weinsteinsäure anzunehmen, obgleich auch hier der Preis der letzteren wohl schon von ihrer Verwendung als Verfälschungsmittel des Essigs abhalten werde. Er schlägt ferner vor, die vom Referenten gebrachten einzelnen Methoden der Untersuchung zur übersichtlicheren Behandlung des Gegenstandes nach einander zur Diskussion zu bringen, welcher Vorschlag von der Versammlung angenommen wird.

a. Bestimmung des Gehaltes an Essigsäure ($C^2 H^4 O^2$) auf alkalimetrischem Wege.

Abstimmung. Der Vorschlag des Referenten wird ohne Diskussion angenommen.

b. Nachweis freier Mineralsäure sowie quantitative Bestimmung derselben.

Diskussion.

Medicus-Würzburg fragt bei dem Referenten an, ob auch in stark gefärbten Essigproben, z. B. in rothem Weinessig oder in anderen Fruchtessigarten dass vorgeschlagene Methylviolett verwendbar sei? Referent erwidert hierauf, dass er Versuche mit gefärbten Essigen angestellt habe und zwar habe er als Färbemittel benutzt: Heidelbeersaft, Alkannin; auch in diesen Fällen habe er gefunden, dass der Farbenwechsel schon deutlich auftrete. Hilger-Erlangen macht darauf aufmerksam, dass die Farbenänderung besonders deutlich nach der Concentration im Wasserbade zum Vorschein komme. Halenke-Speyer fragt an, ob von den anwesenden Mitgliedern der Vereinigung überhaupt schon je Zusätze von Mineralsäuren im Essig vorgefunden worden seien? Hilger-Erlangen und Medicus-Würzburg erwidern hierauf, dass sie schon mehrfach mit Mineralsäure ($S O^4 H^2$) versetzten Essig in Untersuchung gehabt hätten. Vogel-Memmingen schlägt vor, zur Erkennung des Farbenüberganges bei Verwendung von Methylviolett sich des Spektroskopes zu bedienen. Hilger-Erlangen spricht sich gegen die allgemeine Einführung spektralanalytischer Methoden aus, da ihm häufig Personen vorgekommen seien, die absolut nicht in der Lage gewesen wären, spektralanalytisch arbeiten zu können, abgesehen davon, dass viele Absorptionsspektren grade von Farbstoffen noch zweifelhafter Natur seien. Kayser-Nürnberg spricht sich für Einführung spektroskopischer Prüfungen im Allgemeinen aus, es könne Keinem schwerer fallen, sich die erforderliche Uebung in derartigen Arbeiten zu verschaffen, als die Uebung im Arbeiten mit Polarisationsinstrumenten. Sogut man von jedem Chemiker, der sich mit Untersuchung von Nahrungsmitteln etc. beschäftigen wolle, verlange, dass er sich eines Polarisationsapparates zu bedienen verstehe, ebensogut könne man von ihm verlangen, dass er mit einem Spektroskope umzugehen wisse. Es sei übrigens durchaus nicht schwierig, sich auf spektroskopische Prüfungen gewöhnlicher Art, besonders wenn es sich um scharf ausgeprägte und charakteristische Absorptionsspektren handle, einzuüben; habe man doch zum Nachweise mancher Körper, z. B. des Kohlenoxydes, kaum andere Methoden als die spektroskopische. Fresenius-Wiesbaden und Halenke-Speyer sprechen sich gegen die Einführung spektroskopischer Methoden aus, da dieselben doch nicht so leicht ausführbar seien. Kayser-Nürnberg macht den Vorschlag, die spektroskopischen Prüfungsmethoden, im Speciellen bei der Essiguntersuchung, einstweilen im Auge zu behalten, bis nach dieser Richtung hin bestimmte Vorschläge gemacht werden könnten. Hilger-Erlangen unterstützt den Vorschlag des Vorredners mit dem Bemerken, dass auf die aufgeworfene Frage betreffs spektroskopischer Prüfungen in dem Berichte über die Versammlung entsprechende Rücksicht genommen werden könne.

Beschluss:

Der Vorschlag des Referenten wird von der Versammlung angenommen.

c. Nachweis scharfer Stoffe.

Diskussion.

Hilger-Erlangen betont, dass für den Nachweis scharfer Stoffe die Neutralisation des Essigs genüge. Medicus-Würzburg schlägt zur genauen Bestimmung der dem Essig zugesetzten scharfen Stoffe die von Dragendorff angegebene Methode vor. Hierzu bemerkt Hilger-Erlangen, dass die Dragendorff'sche Methode nur unter Umständen positive Resultate erzielen lasse, ein Zusatz von Paradieskörnern könne z. B. auch nach ihr nicht nachgewiesen werden.

Beschluss:

Der Vorschlag des Referenten wird von der Versammlung angenommen.

d. Holzessignachweis.

Diskussion.

Metzger-Nürnberg giebt an, dass von ihm eine grosse Anzahl von reinen Spritessigen untersucht seien und in ihnen allen habe er Furfurol nachweisen können. Hilger-Erlangen schlägt vor, von einem Nachweise des Holzessigs in Spritessig überhaupt ganz abzusehen. Metzger-Nürnberg macht den weiteren Vorschlag, eine Resolution anzunehmen, in welcher erklärt werde, dass das Vorhandensein von Furfurol nicht als Unterscheidungsmerkmal für Holzessig und Spritessig dienen könne. Medicus-Würzburg glaubt, dass sich Holzessig und Spritessig vielleicht dadurch von einander unterscheiden lassen, dass man grössere Mengen des zu prüfenden Essigs mit Aether ausschüttele und auf in Lösung gegangene Phenole mit Brom prüfe.

Beschluss:

Die Angelegenheit wird der betreffenden Commission zur weiteren Behandlung überwiesen.

e. Prüfung von Weinessig.

Diskussion.

Fresenius-Wiesbaden macht darauf aufmerksam, das eventuell der Glycerinnachweis als Unterscheidungsmerkmal vom Gährungsessig (Weinessig) und Spritessig dienen könne, ferner werde wahrscheinlich das Verhältniss von Glycerin zur Essigsäure im Weinessig ein constantes sein. Kayser-Nürnberg führt aus, dass Weinessig entsprechend dem Weine zusammengesetzt sein müsse, aus welchem er dargestellt worden sei. Allerdings sei es fraglich, ob das im Wein vorhandene Glycerin während der Umwandlung des Weingeistes in Essigsäure ganz unverändert bleibe. Das Schwergewicht bei der Prüfung eines Weinessigs werde man wohl auf den Nachweis von Weinstein, sowie besonders auf das Vorhandensein gewisser Mineralstoffe, von Phosphorsäure und Kali in solchen Mengen legen müssen, wie sie im Wein vorzukommen pflegen. Medicus-Würzburg macht darauf aufmerksam, dass Spritessig als Weinessig und nicht Weinessig statt Spritessig verkauft werde; ein geringer Zusatz von Weinstein könne, falls man hierauf ein entscheidendes Gewicht legen wolle, sonach leicht jeden Spritessig zum Weinessig stempeln. Fresenius-Wiesbaden führt an, dass bei der Essigbereitung aus Weingeist durch den Zusatz von Nährlösung für die Essigbildner auch Mineralstoffe in den Essig gelangen, es seien also auch die Mineralstoffe nicht immer für den Weinessig charakteristisch; zur Unterscheidung von Weinessig und Spritessig scheine ihm doch schliesslich nur das Verhältniss von Glycerin zur Essigsäure übrig zu bleiben. Nachdem Kayser-Nürnberg noch darauf aufmerksam gemacht hat, dass die Weinsteinsäure in einem Weinessige durch anderweitige Umsetzungen vollständig aus demselben verschwunden sein könne, spricht sich Halenke-Speyer dafür aus, dass die schwebende Frage der betreffenden Commission überwiesen werde. Hierfür spricht sich auch Hilger-Erlangen aus, da die Frage nicht endgültig entschieden werden könne, weil die bis jetzt gewonnenen Erfahrungen es nicht ermöglichen, den Ursprung eines Essigs festzustellen.

Beschluss:

Die Frage der Prüfung eines Weinessigs auf Zusatz von Spritessig resp. des Nachweises des Ursprungs eines Essigs wird der betreffenden Commission zur Bearbeitung zugewiesen.

f. Gehalt eines Speiseessigs an Essigsäure ($C^2H^4O^2$).

Diskussion.

Kämmerer-Nürnberg schlägt die Annahme einer Resolution vor, nach welcher ein Speiseessig 3—4 $\frac{0}{0}$ Essigsäure enthalten müsse. Auf dem Lande komme fast nur Essig mit 1—2 $\frac{0}{0}$ Essigsäure vor, dieser habe dann stets ein trübes Aussehen, auch seien in ihm fast immer Essigälchen enthalten. Kayser-Nürnberg wünscht eine bestimmte Definition des Begriffes: Speiseessig, welchem Wunsche sich Halenke-Speyer und Hilger-Erlangen anschliessen, letzterer wünscht dieses auch bezüglich des Essigsprites. Ministerialrath Kahr-München führt aus, dass nicht wohl eine gesetzliche Bestimmung hinsichtlich der Stärke des Essigs getroffen werden könne, da ein zu schwacher Essig nicht als gesundheitsschädlich erklärt werden könne und § 5, 2 des Nahrungsmittelgesetzes nur ausspreche, dass derartige Bestimmungen zum Schutze der Gesundheit erlassen werden können. Hilger-Erlangen frägt hierauf an, ob eine Regelung dieser Frage nicht etwa durch ortspolizeiliche Vorschriften zu ermöglichen wäre. Ministerialrath Kahr-München erwidert, dass eine derartige Regelung nicht thunlich sei, da die Voraussetzung der Gesundheitsschädlichkeit fehle. Kayser-Nürnberg hält es für sehr wünschenswerth, dass ausgesprochen werde, welchen Gehalt an Essigsäure ein Speiseessig enthalten müsse, wenn er als normales Produkt bezeichnet werden solle. Stockmeier-Nürnberg ist der Ansicht, dass ein Essig, der, wie es nicht selten bei schwachen Essigen vorkomme, mit einer Schimmeldecke überzogen sei, in dem sich Essigälchen herumtummeln, doch auch wohl nach den Bestimmungen des Nahrungsmittelgesetzes nicht als für die Gesundheit unschädlich erachtet werden könne. Kayser-Nürnberg weist darauf hin, dass Essig im Haushalte nicht nur als Gewürz, sondern auch ausserdem ganz ebenso wie Kochsalz als Conservirungsmittel diene, ein schwacher Essig mit etwa 1—2 $\frac{0}{0}$ Essigsäure wirke jedoch nicht mehr als Conservirungsmittel, sondern könne eher das Gegentheil von der seiner Verwendung zu Grunde liegenden Absicht erweisen lassen; es dürfe dieser Umstand bei Beurtheilung der ganzen Sachlage doch nicht unberücksichtigt gelassen werden. Metzger-Nürnberg wirft die Frage auf, ob ein Nahrungs- oder Genussmittel nach dem Gesetze nicht so hergestellt sein müsse, dass es nicht so leicht dem Verderben unterliege, wozu Ministerialrath Kahr-München bemerkt, dass ein zum Verderben geneigter Körper dann doch noch nicht verdorben sei; auf letzteren Umstand allein komme es an. Herz-Würzburg ist der Meinung, dass, wenn ein Essig weniger als 3 $\frac{0}{0}$ Essigsäure enthalte, derselbe durch Entwickelung von Pilzen trüb werde und dann wohl auch in gleicher Weise wie trübes Bier beurtheilt werden müsse. Ministerialrath Kahr-München weist wiederholt darauf hin, dass, um den Weg der Gesetzgebung oder Verordnung zu beschreiten, die Bedingungen des § 5, 2 des Nahrungsmittelgesetzes gegeben sein müssten. Hilger-Erlangen stellt hierauf die Frage an die Versammlung, ob dieselbe damit einverstanden sei, dass als Speiseessig ein Essig von bestimmter Stärke, etwa mit 4 $\frac{0}{0}$ Gehalt an Essigsäure, zu betrachten sei? Halenke-Speyer spricht sich für eine Stärke von 4 $\frac{0}{0}$ Essigsäure aus. Medicus-Würzburg macht darauf aufmerksam, dass die im Handel vorkommenden sogenannten Essigessenzen oder concentrirten Essige auf die in den ihnen beiliegenden Gebrauchsanweisungen angegebene Verdünnung gebracht, einen Essig von 2—2,5 $\frac{0}{0}$ Gehalt liefern. Hierzu bemerkt Metzger-Nürnberg, dass es sich in solchen Fällen nur um durch Destillation gewonnene Essige handele, welche keinerlei Nährsubstanzen für Pilze enthalten und sonach nicht einem durch solche bewirkten Verderben unterlägen.

Beschluss:

Speiseessig soll mindestens 4 $\frac{0}{0}$ Essigsäure ($C^2 H^4 O^2$) enthalten.

Auf Vorschlag des Vorsitzenden wird eine Pause von einer Stunde in den Verhandlungen gemacht.

Bei Wiedereröffnung der Verhandlungen erhält das Wort Kämmerer-Nürnberg zu einem Vortrage:

Ueber das Schwefeln des Hopfens.

Der Aufforderung des sehr verehrten Ausschusses unserer Vereinigung, Ihnen über die Frage des Hopfenschwefelns zu referiren, kam ich trotz der Sterilität des Themas gerne nach, weil ich damit Gelegenheit zu finden hoffte, manche Vorurtheile und irrthümliche Voraussetzungen widerlegen zu können, welchen diese für einige Städte, insbesondere für Nürnberg, Fürth und Bamberg, so wichtige Frage noch immer wie seit ihrem ersten Auftauchen in Bayern im zweiten Decennium dieses Jahrhunderts, also vor etwa 60 Jahren auch in solchen Kreisen begegnet, welche berufen sind, bezüglich derselben entscheidend einzugreifen.

Der Schrift des Dr. Munk, betitelt »Die Nachteile des Hopfenschwefelns für die Bierbereitung und die Gesundheit der Biertrinker« entnehme ich, dass in Bayern das Verbot des Hopfenschwefelns am 20. März 1830 erfolgte, und in einem von Herrn Medicinalrath Bezirksarzt Dr. Merkel dahier im Vereine für öffentliche Gesundheitspflege gehaltenen Vortrage, aus dessen reichem Inhalte ich noch des Öftern Gelegenheit nehmen werde zu schöpfen, findet sich die Bemerkung, dass die Akten des Magistrates der Stadt Nürnberg über das Hopfenschwefeln ebenfalls mit dem Jahre 1830 beginnen und es sich damals zunächst um Brandunfälle handelte, welche durch das Schwefeln des Hopfens veranlasst wurden. Die Feuergefährlichkeit scheint in der That das Verbot des Hopfenschwefelns durch die Staatsregieruug zunächst veranlasst zu haben; erst nach der Erlassung des Verbotes tauchen Fälle doloser Natur häufiger auf und begründeten die noch heute von Vielen gehegte Ansicht, dass das Schwefeln des Hopfens vorzugsweise zum Zwecke der Täuschung, um dem alten Hopfen das Ansehen von neuem Hopfen zu geben, von Seite der Producenten und Kaufleute ausgeführt werde, welche Ansicht die herrschende bis zum Jahre 1854 blieb.

Am 16. Dezember dieses Jahres richtete die Firma Gebrüder Scharrer in Nürnberg an das Ministerium ein Gesuch um Aufhebung des Verbotes zum Zwecke der Ausfuhr von Hopfen in das Ausland, welche gerade in diesem Jahre sich besonders lohnend erwies, da in England und Belgien mehrere Missernten auf einander gefolgt waren.

Auf diese Veranlassung hin forderte das Staatsministerium am 13. Januar 1855 das Generalcomité des landwirthschaftlichen Vereines um Abgabe eines Gutachtens auf.

Das am 22. Februar 1855 erstattete Gutachten schliesst mit folgenden Resolutionen:

1. Das Generalcomité erkenne an, dass Errichtung von Hopfenschwefeldörren nothwendig sind und daher empfohlen werden sollten.

2. Das Verbot, Hopfen zu schwefeln, diese weise Fürsorge von Seite der Regierung sei sowohl von den Konsumenten, wie von jedem rechtschaffenen Kaufmann dankbar begrüsst worden, und es glaube auch, dass dieses Verbot, wenn es sich um alten Hopfen handelt im allgemeinen Interesse fortbestehen soll; neuer Hopfen dagegen soll von der Erntezeit an bis zum Februar geschwefelt werden dürfen, jedoch nur unter amtlicher Aufsicht und nur mit Anwendung arsenikfreien Schwefels; der Gemeinde soll zur Pflicht gemacht werden, zu überwachen, dass mit schwarzer, haltbarer Farbe auf die Ballen die Worte: geschwefelter Hopfen und der Ort und der Jahrgang hiezu geschrieben werden; nebst dem soll eine Plombe angehängt werden, deren eine Seite das Siegel der Gemeinde und deren andere die Bemerkung: »geschwefelter Hopfen und die Jahreszahl enthält.«

Am 22. April desselben Jahres gab J. v. Liebig ein Obergutachten über diese Frage in folgendem Sinne ab:

Die vom Generalcomité vorgeschlagenen Beschränkungen können in einigen wenigen Fällen von Nutzen sein, sind aber sicherlich ohne alle Bedeutung für den erfahrenen Käufer, für welchen die Farbe des Hopfens und die Jahreszahl der Ernte nur ganz untergeordnete Anhaltspunkte zur Beurtheilung der Preiswürdigkeit der Waare abgeben. Es liege in der Natur der Sache, dass der Geschäftsunkundige und Unerfahrene durch polizeiliche Verordnungen vor Täuschung und Betrug nicht geschützt werden könne.

J. v. Liebig schlägt dann vor

1. Das Verbot vom 20. März 1830, Hopfen schwefeln zu dürfen soll ausser Wirksamkeit gesetzt werden.

2. Der geschwefelte Hopfen soll auf dem Ballen mit $\underset{+}{\triangle}$ oder mit dem Zeichen des Schwefels S oder mit dem Worte »Schwefel« bezeichnet werden; und

3. Handelsleute, welche Hopfen schwefeln wollen, haben der Polizeibehörde Anzeige hievon zu machen und diese darauf zu sehen, dass den Hopfenballen eines von den Schwefelzeichen beigefügt werde.

Daraufhin wurde im Jahre 1858 das Verbot des Hopfenschwefelns für Exportwaare und 1862 dasselbe für jede Art von Hopfen aufgehoben, wenn sie nur als »geschwefelt« bezeichnet werden. Die Angaben in Lintner's Lehrbuch der Bierbrauerei und Eulenberg's Gewerbe-Hygieine, dass in Bayern nur das Schwefeln des für das Ausland bestimmten Hopfens erlaubt sei, sind darnach zu berichtigen.

Bevor ich die sich nun auf gesetzlichem Boden rasch entwickelnden und häufenden Vorrichtungen zum Schwefeln des Hopfens skizzire, glaube ich einen Rückblick auf die Art dieser Manipulationen in früheren Zeiten und in den verschiedenen Ländern werfen zu sollen.

Die Frage, weshalb der Hopfen einer Schwefelung unterworfen wird, bedarf in diesem Kreise keiner weiteren Ausführung. Die schweflige Säure wurde wie in so manchen Fällen zur Conservirung, beispielsweise des Weines, auch zur Conservirung des Hopfens als ein ganz vortreffliches Mittel erkannt, welches einerseits den Export des Hopfens in das Ausland auch nach überseeischen Ländern ermöglicht und anderseits die Vorräthe eines gesegneten Jahres für die Zeiten des Mangels in Missjahren aufzuspeichern und vortheilhaft zu verwenden gestattet.

Das Schwefeln allein würde indess die Conservirung des Hopfens nicht ermöglichen. Der Schwefelung muss vielmehr die Trocknung des grünen Hopfens vorausgehen oder sie muss dieselbe begleiten. Das Trocknen aber zählt zu den wichtigsten Punkten der Hopfenbehandlung.

Es treten somit an die Hopfenproducenten, hauptsächlich aber an die Hopfenhändler zwei Aufgaben zugleich heran! den frischen Hopfen zu trocknen und dem trockeen Hopfen möglichst die Eigenschaften des frischen Hopfens zu erhalten. Während man in den Zeiten des Verbotes des Hopfenschwefelns von Seite der Producenten und Händler zu den primitivsten Mitteln griff, den Hopfen zu trocknen und zu conserviren, man zu erstgenanntem Zwecke sich auf dem Lande bei ungünstiger Witterung der Backöfen, zur Schwefelung vielfach in den Bezirken Lauf und Hersbruck zweier über einander gestürzter Zuckerfässer bediente, wie man noch heute die Schwefelung der Gerste und des Tabaks auf dem Lande und in den Städten in primitivster Weise ausführt, bestrebte man sich nach Aufhebung des Verbotes des Schwefelns dieses zugleich mit der Trocknung des Hopfens zu bewerkstelligen und so enstanden die den Namen Hopfendarren oder Hopfenschwefeldarren führenden Einrichtungen, welche den Hopfen zu trocknen wie zu schwefeln zu gleicher und in sehr kurzer Zeit gestatten.

Ein nicht gut getrockneter Hopfen geräth leicht in Fermentation: er wird, besonders gerne in Packung, warm und in Folge dessen treten Veränderungen desselben ein, die Justus von Liebig als Sachverständiger in einem Processe über verdorbenen Hopfen am 28. April 1859 vor dem königl. Bezirksgerichte Nürnberg folgendermassen charakterisirt:

»Wird der Hopfen feucht verpackt, so stellt sich nach kurzer Zeit, ähnlich wie bei allen feuchten vegetabilischen Stoffen, wie z. B. bei feuchtem Heu, bei Tabak oder bei Strohmist eine Fermentation ein, und die Verderbnis muss sich vom Mittelpunkte nach den Aussenseiten hin verbreiten. Die Folge einer solchen Fermentation in vegetabilischen Stoffen ist immer eine Zerstörung der organischen Struktur. Die Blätter und Stengel zerfallen, werden mehr oder weniger mürbe und braun bis schwarz und es tritt in der Regel, wenn die Fermentation beendet ist, eine Pilz- und Schimmelbildung auf.«

Dann bemerkt Liebig noch bezüglich der bei der Selbstzersetzung des Hopfens eintretenden Temperaturerhöhung, dass die Temperatur nicht über die des faulenden feuchten Mistes hinausgehe.

Beiläufig sei hier bemerkt, dass die Hopfenhändler zur Prüfung der Temperatur im Innern der Ballen während kurzer Zeit eine eiserne Stange in die Mitte der Ballen stecken, dann rasch herausziehen und durch Befühlen des innen gesteckten Stangentheiles die Temperatur schätzen.

Die Hopfendarren, welche nothwendig waren, sollte anders bei reichen Ernten und im Falle regnerischer Witterung während der Ernte nicht ein grosser Teil des Hopfens durch Fermentation in seiner Qualität geschädigt oder gänzlich unbrauchbar werden, hatten zunächst den Zweck der künstlichen Trocknung des grünen Hopfens und erst allmählich trat auch das Bedürfnis des Schwefelns und damit als weiterer Zweck der Darre auch der des Schwefelns hinzu. Auch der sorgfältigst getrocknete Hopfen bedarf, falls er bei längerer Aufbewahrung sein natürliches Aroma behalten soll, der Behandlung mit schwefliger Säure, da er ausserdem häufig einen unangenehmen käseartigen Geruch, wahrscheinlich herrührend von frei werdender Baldriansäure, annehmen würde. Aus diesem Umstande erklärt es sich, dass in fast allen Hopfen bauenden Gegenden, trotz der bestandenen strengen Verbote, schon seit langer Zeit der Hopfen geschwefelt wurde und man bald begann, soweit es möglich war, die künstliche Trocknung und die Schwefelung zugleich auszuführen. Am Frühesten finden wir in England eigens zu diesem Zwecke erbaute Darren, viereckige Räume von 16 bis 20 Quadratmeter Bodenfläche mit kuppelartiger Decke, die mit einer Oeffnung zur Entweichung des Wasserdampfes versehen ist. In einem Abstande von vier Meter unter dem aus Drahtgeflecht bestehenden Boden befindet sich ein Holzkohlenfeuer, oft auch ein solches von Koaks und Steinkohlen. Das Feuer bewirkt zwar die Trocknung des Hopfens in erwünschter Weise, aber der Hopfen nimmt leicht einen eigenthümlichen, von den Verbrennungsprodukten der Brennmaterialien herrührenden Rauchgeschmack an. Zum Zwecke des Schwefelns wirft man auf die glühenden Kohlen Schwefel. Viele hiesige ältere Hopfendarren sind englischen Mustern nachgebildet und in der Altmark, in Oesterreich, Galizien, Ungarn und Siebenbürgen fand die Trocknung in englischen Darren allgemeine Verbreitung, während man im Elsass einzelne Vorrichtungen zum Trocknen des Hopfens mit erwärmter Luft findet. In Württemberg verdrängte die Darrtrocknung vielfach die natürliche Trocknung bei den Producenten, während in Böhmen und Bayern von Seite der Producenten nur natürliche Lufttrocknung Anwendung findet, wozu es aber vielfach an Raum mangelt, während man in Polen bei günstiger Witterung Tücher im Freien auf Pfählen ausspannt und darauf den Hopfen trocknet. Der schlechtesten Methode des Trocknens bedienen sich die belgischen Producenten. Sie bringen den Hopfen über offenes Steinkohlen- oder Koaksfeuer und sacken denselben sogleich nach der Trocknung. Die geringe Qualität des belgischen Hopfens soll vorzugsweise dieser Art des Trocknens zuzuschreiben sein.

Bezüglich des sehr namhaften Gewichtsverlustes, welchen der Hopfen durch das Trocknen erleidet, bemerke ich nach mir gewordener zuverlässiger Mittheilung, dass 5 Centner frischer Hopfen, wie er von der Pflücke kommt, 1 Centner trockene versandfähige Waare liefert.

Nach den Erfahrungen, welche man in Hohenheim mit der dort gebrauchten von Siemens construirten Hopfendarre machte, geben 15 bis 18 kg grünen Hopfens nach 8—10 Stunden 5 kg völlig trockenen Hopfen. Bezüglich des Trocknens durch die Luft auf Bodenräumen entnehme ich Lintner's trefflichem Lehrbuche der Bierbrauerei nachstehende Angaben:

»Zum Zwecke des Trocknens auf Böden soll der Hopfen anfangs sehr dünn aufgeschüttet werden, etwa nur 2 Dolden hoch und täglich mehrere Male mit einem Rechen umgewendet werden. Der Raum auf den Hopfenböden muss demnach entsprechend gross sein. Um einen Centner Hopfen zu trocknen, sind etwa 23 qm Bodenfläche erforderlich. Nach 3 Tagen kann er bei günstiger Witterung auf 30 cm hohe Haufen geschichtet werden, welche täglich 1—2 Male gewendet werden müssen. Die Zeit der vollständigen Austrocknung, um zur Verpackung geeignet zu sein, schwankt von 10—20 Tagen. 1 Centner grüner Hopfen giebt 25 Pfund getrockneten Hopfen.« Demnach, so fährt Lintner fort, sei das Trocknen auf Darren vorzuziehen. Das Trocknen des Hopfens sollten eigentlich stets die Producenten besorgen: die Eigenthümlichkeiten des Hopfenhandels bringen es mit sich, dass dies in unseren Gegenden nur selten von ihrer Seite geschieht, das Trocknen vielmehr allmählich eine sehr wichtige Operation in den Händen der Hopfenhändler wurde, die aus mancherlei Gründen den Hopfen meist grün unmittelbar nach der Pflücke ankaufen. Diese Gründe sind Spekulation, da der neue Hopfen, wenn die Vorräthe an altem verbraucht sind, auch bei reicher Ernte in der ersten Zeit höhere Preise erzielt, dann weil viele Händler bestrebt sind, ihren Kunden möglichst bald frischen Hopfen zu liefern, ferner liegt es vielfach im Interesse der Händler, die Operation des Trocknens selbst zu besorgen, weil durch künstliche Trocknung der Hopfen ungemein leicht an Qualität verliert, für eine natürliche Trocknung es aber den meisten Producenten an Raum, Bodenfläche oder an den nothwendigen Vorrichtungen, Hürden etc. etc. gebricht. Endlich suchen die Producenten den Hopfen häufig möglichst bald los zu werden, um das Geld dafür in die Hände zu bekommen, und weil sie glauben, je länger der Hopfen liege und je stärker derselbe austrockne, desto geringer sei der ihnen zu Theil werdende Erlös. Durch alle diese Momente fiel allmählich das Geschäft des Trocknens des Hopfens mehr und mehr dem Händler zu, und dies erklärt ausser dem erstaunlichen Aufschwunge, den der Hopfenhandel in Bayern überhaupt nahm, die rapide Zunahme der

Hopfendarren in den letzten Jahren in Städten mit bedeutendem Hopfenhandel, insbesondere hier und in Fürth.

Unverkennbar dienten den älteren hiesigen Darren die englischen Darren zum Muster; diese aber waren ursprünglich nur zum Trocknen, nicht aber zum Schwefeln bestimmt. Es erscheint deshalb nicht auffällig, dass bald nach der allgemeinen Gestattung des Hopfenschwefelns auch schon Klagen über die Belästigungen der Umwohner der Hopfendarren durch die den Darren entströmende schweflige Säure verlauteten, vielfache diesbezügliche Beschwerden bei den Behörden einliefen, und diese Klagen bis heute nicht verstummten. Auffällig erscheint, dass in dem langen Zeitraum von 24 Jahren von Seiten der zunächst Betheiligten, der Hopfenhändler, Nichts geschah, um die zumeist sehr begründeten Klagen abzustellen und, wie Herr Medicinalrath Dr. Merkel sehr treffend bemerkt, die Behörden, die ärztlichen und hygieinischen Vereine, sowie die Professoren der technischen Schulen es waren, welche der Frage nach Abhilfe der Missstände näher traten. Diese Missstände erwuchsen zunächst daraus, dass die $1\frac{1}{2}$—2 Stockwerke hohen Darren mit einem niedrigen, meist drehbaren Kamine versehen waren, der die Darrgase nach aussen abführte. Durch die Drehbarkeit der Kamine sollte verhindert werden, dass bei stark bewegter Luft der Druck dieser die Darrgase zurückdämme. Die Zuführung der Luft geschah durch 4 am Boden der 4 Wände des Heizraumes angebrachte Löcher. Nun entwichen bei normaler Witterung die mit schwefliger Säure beladenen Darrgase durch den Kamin in der Höhe etwa der zweiten Stockwerke der Wohnhäuser und drangen nicht nur in diese, sondern fielen auch tiefer herunter und verbreiteten sich in allen Wohnräumen, den angrenzenden Höfen und Gärten. Zu einer zweiten Quelle von schweflige Säure haltender Luft wurden die Luftlöcher der Darren, denn bei auch nur geringgradiger Bewegung der Luft drang diese auf der einen Seite in den Heizraum ein und wurde, vermengt mit der in diesem Raume durch Verbrennen von Schwefel erzeugten schwefligen Säure auf der entgegengesetzten Seite wiederum durch den Winddruck hinaus gepresst, da die Kamine viel zu eng und niedrig waren, um den Widerstand, den die etwa 50 cm hohe Hopfenschicht dem Entweichen der Luft und der schwefligen Säure durch den Kamin entgegenstellte, und den Winddruck zugleich überwinden zu können.

Einige von mir selbst gemachte Beobachtungen über den Grad der Belästigungen und Gesundheitsschädlichkeit durch derartige Darren mögen hier statt vieler bei den Polizeiakten befindlichen Erwähnung finden. Auf dem Scharrer'schen Anwesen am Lorenzerplatz befanden sich bis vor wenigen Jahren drei alte Darren und es beginnen die Klagen über die Belästigungen durch dieselben von Seiten der Bewohner des angrenzenden Lorenzer Pfarrhauses schon im Jahre 1861. Am 25. Oktober 1881, Nachmittags 3 Uhr, besass die Luft in allen Theilen des Pfarrgartens bei feinem Regen den intensiven Geruch nach schwefliger Säure und reizte mich sofort zum Husten. Die niederfallenden Regentropfen reagirten stark sauer; jeder Tropfen erzeugte auf blauen Lakmuspapierstreifen einen roten Fleck. In der kurzen Zeit von $2\frac{1}{4}$ bis $2\frac{1}{2}$ Uhr wurden $3\frac{1}{2}$ l Luft in der Mitte des Gartens

durch reine Kalilauge gesogen, die absorbierte schweflige Säure durch
Chlorwasser oxydirt ·und die gebildete Schwefelsäure als Bariumsulfat
gefällt und gewogen. Aus dieser Bestimmung berechnéte sich der Ge-
wichtsgehalt der Luft an Schwefeldioxyd zu 0,0038, der Volumgehalt
daran zu 0,0020 Procent. Dass eine solche Luft bei dauernder Einwirkung menschliche und pflanzliche Organismen schädigen müsse,
empfand man an Ort und Stelle selbst am überzeugendsten und wurde
neuerdings durch die auf Anlass des Herrn Geh. Rath von Pettenkofer
im hygienischen Institut der Universität München ausgeführte Versuche
an Thieren die schädliche Wirkung auch solcher Luft, die nur geringe
Mengen Schwefeldioxyd enthält, strikte erwiesen. Es kann dies keineswegs befremden, da ein erwachsener Mensch in der Stunde etwa 115 l
Luft einathmet und mit dieser in vorliegendem Falle 0,5649 g Schwefeldioxyd. Durch den feinen Regen während des Versuches musste zudem
ein grosser Theil des Schwefeldioxydes eine Oxydation zu Schwefelsäure
erleiden und sich dadurch grösstentheils der quantitativen Bestimmung
entziehen, wie auch die angewandte Bestimmungsmethode die Voraussetzung rechtfertigt, dass der wirkliche Gehalt der Luft an schwefliger
Säure ein viel bedeutenderer gewesen sei.

Zur Abstellung solcher Uebelstände bemühten sich die bereits
oben genannten Behörden und Vereine, und auf Veranlassung der früher
hier bestehenden hygieinischen Commission führten die Herren Prof.
Dr. Stölzel und Chemiker Puscher umfassende Versuchsreihen darüber
aus, auf welche Weise das Schwefeln des Hopfens ohne sanitäre Nachtheile für die damit Beschäftigten und die Adjacenten der Hopfenschwefeldarren bewerkstelligt werden könne. Als Frucht dieser Untersuchungen dürfen wir die Erbauung einer neuen Hopfendarre im Jahre
1871 begrüssen, wobei mit Beibehaltung der alten Construction der
Darre und des Heizraumes zum ersten Male mehrere rationelle Principien zur Geltung gelangten, die bezweckten, durch einen 20 Meter
hohen Kamin, der seitlich zur Darre zu stehen kam, die Darrgase weit
über die bewohnten Räume abzuleiten, sie durch Erwärmung oberhalb
der Darre in dem Kamin specifisch leichter zu machen und dadurch
das unmittelbare Herabsinken derselben zu verhüten, endlich aber durch
ihre weitere Verbreitung in den oberen Luftschichten so stark zu verdünnen, dass dieselben, selbst wenn sie durch widrige atmosphärische
Verhältnisse in die unteren Luftschichten gelangen würden, sich dorten
nicht mehr fühlbar oder schädlich erweisen könnten.

Als mir von Seite des Magistrates der Stadt Nürnberg die Begut-
achtung der ersten Anlage dieser Art übertragen wurde, vermochte ich
die Richtigkeit der Principien, welche die Construction der Darre lei-
teten, anzuerkennen, aber man hatte einen der erwähnten hauptsäch-
lichsten Fehler der alten Darren, die an den vier Seiten des Heizraumes
gelegenen vier Luftzufuhröffnungen unverändert beibehalten und deshalb functionirte die neue Darre keineswegs befriedigend und schlug
ich vor, statt durch diese Luftlöcher durch unterirdische Luftkanäle
die Zufuhr der Luft in die Darre zu bewirken, welcher Gedanke von
Herrn Bauassessor Hahn in rationeller Weise durch genaue Feststellung
des Verhältnisses des Durchschnittes des Luftcanales und des Schlotes,

sowie dessen Höhe, zum Kubikinhalt der Darre für die Feststellung eines Normalplanes zur Errichtung von Hopfendarren in Nürnberg praktisch verwerthet wurde.

Die nach diesen Principien seit 1875 neu errichteten Hopfendarren genügten allen billigen hygieinischen Ansprüchen; nur ihre bedenkliche Häufung in einzelnen Stadttheilen liess es inzwischen wünschenswerth erscheinen, die Höhe der Schlöte von 25 zuerst auf 30 und neuerdings auf 40 Meter zu steigern.

Es wird diese Steigerung der Höhe der Kamine vollständig gerechtfertigt durch die in der Stadt und deren Vorstädten vorhandene Zahl von Darren aller Art. Bis 23. Juni 1885 functionirten in Nürnberg

Alte Darren mit niederem Kamin	70 Stück
Darren mit hohem Kamin aber engen Luftzufuhr-canälen	20 =
Darren mit 30 m hohem Kamin und weiten Luft-zufuhrkanälen	71 =
Darren mit 40 m hohem Schlote	1 =

also zusammen 162 Darren.

Dass man Klagen über die Belästigungen durch die Hopfendarren immer und immer von Neuem während jeder Hopfensaison erhebt, kann nach dieser Zusammenstellung nicht auffallen, da unter den 162 Darren der Stadt sich über die Hälfte, nämlich 55,5 $\frac{0}{0}$ befinden, deren Construction allgemein als untauglich zur Abführung der schwefligen Säure in die höheren Luftschichten und angemessene Verdünnung durch Verbreitung in diesen gilt. Es erregt daher kaum Verwunderung, wenn wir in den Stadttheilen mit Hopfendarren alten Systemes Telegraphendrähte finden, die völlig zerfressen sind und bei der Untersuchung sich als mit basischem Ferrisulfat überzogen erweisen, wenn wir hören, dass zinkene Dachrinnen daselbst nach wenigen Jahren durch Säure zerfressen und durchlöchert werden; dass aber selbst der stählerne Uhrzeiger in einem bewohnten, neben einer alten Hopfendarre gelegenen Zimmer inmitten der Stadt von schwefliger Säure zerfressen zerbrach und die braune, denselben überziehende Rostkruste sich sehr reich an Schwefelsäure wie die der Telegraphendräthe erwies, dies sollte man für unmöglich halten oder doch glauben, dass nach Constatirung derartiger Thatsachen der Betrieb der alten Hopfendarren untersagt würde. Dies geschah indess bislang nicht; es steht aber zu erwarten, dass dieselben in Bälde beseitigt und durch rationell construirte ersetzt werden. Genügen die Letzteren auch keineswegs den strengsten hygieinischen Anforderungen, die nur völlige Absorption des Schwefeldioxydes zu erfüllen vermag, so tritt doch eine sehr wesentliche Verbesserung in den atmosphärischen Verhältnissen ganzer Stadttheile ein, wenn die alten Hopfendarren durch solche neuer Art ersetzt sein werden, bis eine den Zwecken des Handels entsprechende Vorrichtung zur Absorption des Schwefeldioxydes bekannt wird.

Schon vielfach bemühte man sich um eine solche und versuchte die Absorption zunächst durch Wasser, das über Koaksstücke rieselte, zu bewerkstelligen. Allein wegen der grossen Verdünnung des zu absorbirenden Gases und des geringen Partialdruckes desselben in dem Gasgemenge erschien es von vornherein höchst unwahrscheinlich, auf diesem Wege das Ziel zu erreichen. Dazu gesellte sich noch der bedeutende Widerstand, den die abziehenden Gase in den Absorptionsapparaten fanden. Sie verminderten den Zug in einem solchen Masse, dass, falls die Berieselung eine ergiebige wurde, überhaupt keine Ventilation mehr Statt fand. Mit Wasser, dem man Ammoniak zugesetzt hatte, um dadurch die schweflige Säure zu binden, war man nicht glücklicher und die beiden hier und in Fürth ausgeführten, mit den Absorptionsvorrichtungen durch Ammoniak versehenen Apparate functionirten nur, wenn nicht berieselt wurde.

Mit Hilfe maschineller Vorrichtungen fällt es selbstverständlich nicht schwer, die schweflige Säure durch alkalische Hydroxyde, z. B. Natron, zu absorbiren; doch eignen sich solche complicirte Vorrichtungen nicht für den Hopfenhändler, abgesehen von der Schwierigkeit, welche durch die polizeiliche Controle solcher Apparate erwächst. Sollen aber die in hohem Masse zu berücksichtigenden Interessen des Handels keine Schädigung erfahren, so darf man diesem nicht mehr Auflagen machen als notwendig erscheinen, um wesentliche Belästigungen der Adjacenten der Hopfendarren zu verhindern. Auch kann aus Rücksichten für den Handel von der Verweisung der Hopfendarren aus der Stadt keine Rede sein.

Von der Masse der schwefligen Säure, welche man zum Zwecke des Hopfenschwefelns hier alljährlich erzeugt, mögen folgende Zahlen einen Begriff geben.

Es wurden vom Staatsbahnhofe Nürnberg versandt je in der Zeit vom 1. September des einen bis 31. August des nächstfolgenden Jahres

1873/74	145 905	Ctr. Hopfen, im Mittel der Centner zu 184 Mark
1874/75	175 467	⸗ ⸗ ⸗ ⸗ ⸗ ⸗ ⸗ 57 ⸗
1875/76	292 785	⸗ ⸗ ⸗ ⸗ ⸗ ⸗ ⸗ 367 ⸗
1876/77	159 974	⸗ ⸗ ⸗ ⸗ ⸗ ⸗ ⸗ 82 ⸗
1877/78	303 020	⸗ ⸗ ⸗ ⸗ ⸗ ⸗ ⸗ 50 ⸗
1878/79	182 660	⸗ ⸗ ⸗ ⸗ ⸗ ⸗ ⸗ 113 ⸗
1879/80	183 470	⸗ ⸗ ⸗ ⸗ ⸗ ⸗ ⸗ 70 ⸗
1880/81	275 000	⸗ ⸗ ⸗ ⸗ ⸗ ⸗ ⸗ 115 ⸗
1881/82	275 000	⸗ ⸗ ⸗ ⸗ ⸗ ⸗ ⸗ 80 ⸗
1882/83	210 000	⸗ ⸗ ⸗ ⸗ ⸗ ⸗ ⸗ 330 ⸗
1883/84	190 000	⸗ ⸗ ⸗ ⸗ ⸗ ⸗ ⸗ 170 ⸗

Es beträgt somit

das	Maximum des Preises	367	Mark pro Centner
⸗	Minimum ⸗ ⸗	50	⸗ ⸗ ⸗
der	Durchschnittspreis	147,09	⸗ ⸗ ⸗
die	höchste Ausfuhr per Bahn	303 020	⸗
⸗	geringste ⸗ ⸗ ⸗	145 905	⸗
⸗	mittlere ⸗ ⸗ ⸗	217 571	⸗

und es beziffert sich der Gesammtwerth des in 11 Jahren ausgeführten Hopfens auf 361 277 582 Mark.

Ich führte deshalb die Durchschnittspreise des gewöhnlichen Markthopfens auf, wie dieselben mir mitgetheilt wurden, um den Betrag der umgesetzten Summen daraus annähernd abzuleiten und dadurch die eminente Bedeutung des Hopfenhandels speciell für Nürnberg und die Wichtigkeit der Förderung desselben in jeder irgend thunlichen Weise durch die Behörden als im wohlverstandenen staatlichen und städtischen Interesse gelegen erweisen zu können. Nach den angeführten Zahlen betrug die im Durchschnitte von 11 Jahren in Hopfen am hiesigen Platze alljährlich umgesetzte Summe nicht weniger als

$$32\,843\,416{,}54 \text{ Mark}$$
$$\text{im Maximum } 107\,452\,095 \qquad =$$
$$= \text{ Minimum } \quad 10\,001\,619 \qquad =$$

und übertrifft somit unzweifelhaft den Werth der übrigen hier zum Umsatze gelangenden Handels- oder Industrieartikel um ein Erkleckliches.

Sieht man von dem am hiesigen Platze gebauten, von den per Achse nach Fürth und der Umgegend gehenden Hopfen und von den in Originalpackung nach Bamberg und anderen Orten bestimmten weiteren etwa 20 000 Centnern ab, und macht man die, wenn auch nicht absolut sichere, doch wohl nahe zutreffende Annahme, dass $\frac{3}{4}$ der per Bahn versandten Hopfenmengen geschwefelt seien, so ergiebt sich, dass man jährlich in Nürnberg durchschnittlich in den letzten 11 Jahren 163 178,25 Centner Hopfen schwefelte, und da man den Verbrauch des Schwefels zu 1 Pfund pro Centner Hopfen annehmen darf, erheischten diese 1632 Centner Schwefel, durch deren Verbrennung man 3264 Centner Schwefeldioxyd erzeugte. Dabei möge die Bemerkung Platz finden, dass das Schwefeln einer 10 Centner betragenden etwa 0,50 m hohen Beschickung einer Darre 10—30 Minuten, in seltenen Fällen eine längere Zeit, bis $2\frac{1}{2}$ Stunden, beansprucht. Das Trocknen und Schwefeln frischen Hopfens bei gleich starker Beschickung der Darre erfordert je nach der mehr oder minder starken Heizung, der grösseren oder kleineren Zugkraft der Kamine $2\frac{1}{2}$—4 Stunden Zeit; um alten Hopfen zu schwefeln, soll man bis 2 Stunden gebrauchen und vielfach befeuchtet man denselben zuvor, damit er ein frischeres Ansehen gewinne.

Die erzeugte Schwefeldioxydmenge wird theilweise von dem Hopfen zurückgehalten respective gebunden, theilweise durch die gleichzeitige Einwirkung von Luft und Wasserdampf zu Schwefelsäure oxydirt und von dieser wiederum ein Theil von dem Kalk der Mauern der Darre und der Kamine gebunden, wodurch letztere selbstverständlich starke Corrosionen erleiden; der grösste Theil des Schwefeldioxydes endlich gelangt mit den Darrgasen in die höheren Luftschichten. Die Resultate einiger darauf bezüglicher Bestimmungen mögen hier folgen. Die erste derselben führte Herr Medicinalrath Dr. Merkel an einer hiesigen Darre durch anemometrische Beobachtungen aus. Die betreffende Darre war mit 12 Centner Hopfen beschickt, und innerhalb des Zeitraumes von $2\frac{1}{2}$ Stunden verbrannten 4 kg Schwefel, während die in gleicher Zeit die Darre passirende Luftmenge 11 Kubikmeter in der Minute

betrug. Es passirten somit innerhalb $2\frac{1}{2}$ Stunde 8 kg Schwefeldioxyd (entsprechend 2795 Liter) und 1650 Kubikmeter Luft die
Darre, was bei vorausgesetzter gleichmässiger Vertheilung des Schwefeldioxydes einem Gehalte von 0,1694 Liter Schwefeldioxyd in
100 Liter Luft oder 0,3741 Gewichtsprocent entspricht. Dabei blieb
aber ausser Ansatz, dass, wie oben bemerkt, der Hopfen einen nicht
unbeträchtlichen Theil des Schwefeldioxydes bindet und auch noch die
anderweitigen erwähnten Verluste daran eintreten. Durch quantitative
Bestimmungen*) in einer anderen Darre fand ich den Gewichtsprocentgehalt der Darrgase an Schwefeldioxyd als während $2\frac{1}{2}$ Stunden 7 Pfund
Schwefel verbrannten zu 0,697, entsprechend 0,316 Volumprocent, und
ein anderes Mal bei einer nur $1\frac{1}{2}$ stündigen Dauer der Schwefelung
(aber stärkerer Ventilation) den Gewichtsprocentgehalt zu 0,397, den
Volumprocentgehalt zu 0,179. Eine hiesige Firma ermöglichte mir in
dankenswerther Weise Bestimmungen der von frisch geschwefeltem
Hopfen zurückgehaltenen Menge Schwefeldioxydes durch Ueberlassung
frisch geschwefelter Proben, bei deren Schwefelung je 1 Pfund Schwefel
auf 1 Centner Hopfen zur Verwendung kam.

	Gewichtsprocentgehalt an Schwefeldioxyd		
	I	II	Mittel
I. Probe, unmittelbar nach dem Schwefeln der Darre entnommen und sogleich luftdicht verpackt und sofort untersucht .	0,476	0,490	0,483
II. Probe desselben Hopfens, nachdem derselbe während einer Nacht auf der Darre gelegen, sofort untersucht	0,286	0,290	0,288
III. Probe desselben Hopfens, 4 Wochen nach dem Schwefeln in gewöhnlicher Packung gelagert, und dann untersucht	0,146	0,134	0,140.

Die von mir gefundene Zahl für den Schwefligsäuregehalt frisch
geschwefelten Hopfens stimmt am nächsten mit der von Weiss gefundenen, 0,39 Procent, überein; es mögen wohl alle für den Schwefel-
dioxydgehalt frisch geschwefelten Hopfens bisher bekannt gewordenen
Werthe mit Hopfen erhalten worden sein, der schon kürzere oder
längere Zeit der Einwirkung der Atmosphäre ausgesetzt war.

Die Abminderung des Schwefeldioxydgehaltes beziffert sich den
oben mitgetheilten Versuchsresultaten zufolge

nach etwa 10 Stunden zu . . 40,37 % des ursprünglichen Gehaltes
und der wirkliche Gehalt zu 59,63 % = =   =
nach 4 Wochen der Verlust zu 71,1 % = =   =
der wirkliche Gehalt zu . . . 28,9 % = =   =

Ferner erfahren wir aus diesen Bestimmungen, dass 2,898 kg
Schwefeldioxyd von 12 Centnern Hopfen gebunden wurden, welche
Menge 24,15 Procent der gesamten, aus 12 Pfund Schwefel entwickelten
Menge schwefliger Säure, also nahe $\frac{1}{4}$ derselben beträgt. Berücksichtigt
man diese Resultate bei Berechnung des effectiven Gehaltes der Darr-

---

*) Absorption durch concentrirte salzsaure Lösung von Dikaliumdichromat.

gase an Schwefeldioxyd, so erfahren die oben aufgeführten Zahlen eine Verminderung um nahezu $\frac{1}{4}$ und stellt sich demnach der

Volumprocentgehalt an Schwefeldioxyd zu 0,1271
Gewichtsprocentgehalt daran zu . . . . . . 0,2804.

Anderer mir befreundeter Seite verdanke ich 4 Hopfenproben, von denen man das Datum des Schwefelns genau kannte und die, dem Zutritte der Luft ausgesetzt, aufbewahrt wurden. Wegen des Interesses, welches die Bestimmung des Schwefligsäuregehaltes auch dieser Proben versprach, führte ich dieselbe aus und erhielt folgende Resultate:

	Tag des Schwefelns	Tag der Untersuchung	Zeitdauer seit dem Tage des Schwefelns bis zum Tage der Analyse	Procentgehalt an Schwefeldioxyd
I. Probe	15. Sept. 1884	16. Juni 1885	9 Monate	1.0,0762 2.0,0659 Mittel 0,0710
II. Probe	24. Sept. 1884	16. Juni 1885	8 Monate 24 Tage	1.0,117 2.0,110 Mittel 0,114
III. Probe	29. Oct. 1884	17. Juni 1885	7 Monate 18 Tage	1.0,0797 2.0,0906 Mittel 0,0852
IV. Probe	4. Febr. 1885	17. Juni 1885	4 Monate 13 Tage	1.0,0857 2.0,0890 Mittel 0,0873.

Aus diesen Schwefligsäuregehalten von vor längerer Zeit geschwefelten Hopfenproben lässt sich folgern, dass ein grosser Theil des ursprünglich aufgenommenen Schwefeldioxydes, etwa $\frac{3}{4}$—$\frac{4}{5}$ desselben bald verschwindet und nur $\frac{1}{4}$—$\frac{1}{5}$ in wahrscheinlich festerer Bindung auffällig lange der oxydirenden Einwirkung des atmosphärischen Sauerstoffs widersteht und diese in das Bier gelangende Menge schwefliger Säure in demselben einen so minimalen Procentsatz ausmacht und darin eine so starke Verdünnung erfährt, dass eine gesundheitsschädliche Wirkung solchen Bieres nicht angenommen werden kann.

Welche Schwierigkeiten sich der Absorption des in den Darrgasen enthaltenen Schwefeldioxydes entgegenstellen, ergiebt sich aus den mitgetheilten Zahlen, wonach 3264 Centner Schwefeldioxyd abzüglich des vom Hopfen zurückgehaltenen $\frac{1}{4}$ der Gesammtmenge, somit 2448 Ctr. Schwefeldioxyd und diese unter den denkbar ungünstigsten Verhältnissen der Verdünnung mit Luft zu absorbiren wären. Nimmt man den Gehalt der Darrgase an Schwefeldioxyd im Mittel der angeführten drei Bestimmungen zu 0,2214 Volumprocent an, so vertheilen sich die 2448 Centner, die ein Volum von 42 767,295 Kubikmeter besitzen, auf nicht weniger als 19 316 754,742 Kubikmeter Luft. Diese ausserordentlich starke Verdünnung bereitet nicht nur der Absorption, auch durch sehr intensiv wirkende Absorptionsmittel, die grössten technischen Schwierigkeiten, sie bedingt auch, dass verwerthbare Produkte sich kaum jemals dadurch werden erzielen lassen, während die Wegschaffung der durch die Absorption erwachsenden Abfälle ebenfalls Verlegenheiten bereitet. Dazu kommt noch die ausserordentlich grosse Unregelmässigkeit bei Benützung der Hopfendarren. Sobald der Hopfenmarkt reiche Zufuhren erhält, beginnt allenthalben Tag und Nacht ununterbrochenes Schwefeln und Trocknen, und in den grossen Geschäften hier werden nicht selten innerhalb 24 Stunden auf 4 Darren 200 Ctr. Hopfen geschwefelt, also 2 Centner Schwefel verbrannt und 4 Centner Schwefeldioxyd erzeugt, von denen etwa 3 Centner absorbirt werden müssten, was beiläufig 3 Centner gebrannten Kalk oder $3\frac{3}{4}$ Centner Aetznatron erforderte. Bei der Absorption auf nassem Wege liessen sich die zur Absorption dienenden Apparate füglich kaum aus anderem Materiale als aus Eisen herstellen. Die Schwierigkeit, solche Apparate, welche dem Einflusse der Luft, der wässrigen Alkalien und der schwefligen Säure ausgesetzt sind, dauernd dicht zu erhalten, dürfte sehr schwer halten und bietet überhaupt die Absorption auf nassem Wege grössere Schwierigkeiten, da sie nicht wohl ohne maschinellen Betrieb ausführbar erscheint.

Grössere Chancen der Brauchbarkeit besitzen offenbar trockene Absorptionsmittel, da sich mit diesen leicht ohne maschinellen Betrieb manipuliren lässt. Solche fertigte neuerdings Herr Dr. Oppler in Doos aus gebranntem Kalk und Holzkohlenpulver in Briquetteform an, und wurde ihre Brauchbarkeit auf einer hiesigen Darre geprüft, wobei bis 75 $\frac{0}{0}$ des Schwefligsäuregehaltes der Darrgase zur Absorption gelangten. Herr Dr. Metzger unterzog sich der dankenswerthen Aufgabe, eine grössere Versuchsreihe mit solchen Kalkkohlenbriquettes auszuführen und konstatirte, dass die Absorptionskraft derselben wesentlich von dem Gehalte an Holzkohlenpulver abhänge und die Holzkohle durch gleichzeitige Absorption und Kondensation von Sauerstoff aus der Luft die rasche Oxydation des Schwefeldioxydes zu Schwefelsäure vermittelt, welch letztere sich mit Kalk zu Calciumsulfat umsetzt. Bei diesem Absorptionsmittel erweist sich somit die beigemengte Luft nicht als reines Hinderniss für die Absorption, sondern sie befördert dieselbe bis zu einem gewissen Grade. Durch den Uebergang des Schwefeldioxydes in Schwefelsäure vor der Bindung durch den Kalk wird der sonst sich ungünstig geltend machende Uebergang des Aetzkalkes in Calciumcarbonat paralysirt. Indess bedarf es weiterer praktischer Erfahrungen zur Entscheidung der Frage, ob die Kalkkohlenbriquettes zur Absorption des Schwefeldioxydes aus den Darrgasen sich bewähren; für massenhafte Absorptionen dürften ernstere Schwierigkeiten erwachsen; für kleinere Darren dagegen bieten sie vielleicht das längst ersehnte Mittel zur Beseitigung des Schwefeldioxydes bis auf unwesentliche Mengen.

Auf andere Weise erscheint die Vermeidung der Belästigungen durch die Hopfenschwefeldarren ebenfalls möglich: wenn es gelänge, ein Conservirungsmittel des Hopfens aufzufinden, das die schweflige Säure völlig zu ersetzen vermöchte. In dieser Beziehung fehlt es noch an entscheidenden Erfahrungen; doch darf man gewärtigen, die Wissenschaft werde auch neue Hopfenconservirungsmittel auffinden. Es kann indess geraume Zeit bis zur Verdrängung der schwefligen Säure verstreichen und so lange müssen wir uns mit ihr abfinden, so gut es immer geht.

Der Vorsitzende dankt dem Vortragenden für die interessanten Mittheilungen.

Referat über Glycerinbestimmung im Weine
von Medicus-Würzburg.

Bezüglich der durch die Berliner Commissionsbeschlüsse vom April 1884 angenommenen Glycerinbestimmungsmethode dürfte es sich empfehlen, folgende Punkte näher zu präcisiren:

1. Die Menge des zuzusetzenden Kalkes resp. Quarzsandes;
2. Die Menge des zur Extraction zu verwendenden Weingeistes;
3. Die Art der Verdunstung, resp. des Abdestillirens desselben;
4. Die Art des Aetherzusatzes.

In der Möglichkeit, dass in Betreff dieser Punkte ungleich gearbeitet werde, liegt, abgesehen von der Schwierigkeit, »Glycerin« rein zu erhalten und zu bestimmen, ein Mangel der bisherigen Vorschriften. Referent hat in Gemeinschaft mit Full-Würzburg eine Reihe von vergleichenden Glycerinbestimmungen ausgeführt und empfiehlt er auf Grund der erhaltenen Resultate folgende Vorschrift, die nur eine genauere Präcisirung der Berliner Vorschrift darstellt:

100 ccm. Wein werden durch Verdampfen auf dem Wasserbade in einer geräumigen, nicht flachen Porzellanschale bis auf ca. 10 ccm gebracht, 2 g Quarzsand und 3 ccm Kalkmilch (enthaltend 200 g $Ca(OH)^2$ in 500 ccm) zugesetzt und bis fast zur Trockne verdampft, den Rückstand behandelt man unter stetigem Zerreiben mit 50 ccm Weingeist von 96 Vol. $\frac{0}{0}$, kocht ihn unter Umrühren auf dem Wasserbade eben auf, giesst die Lösung, nachdem sie etwas abgekühlt ist, durch ein Filter ab und erschöpft das Unlösliche durch Behandeln mit dreimal je 50 ccm desselben Weingeistes, so dass das Gesammtfiltrat gegen 200 ccm beträgt. Vom weingeistigen Auszuge destillirt man 150 ccm ab und verdunstet den Rest im Wasserbade bis zur zähflüssigen Consistenz. Der Rückstand wird mit 10 ccm absolutem Weingeist aufgenommen, in einem verschliessbaren Gefässe mit 15 ccm Äther, den man allmählig zusetzt, vermischt zur Klärung stehen gelassen und die klare abgegossene, ev. filtrirte Flüssigkeit in einem leichten, mit Glasstopfen verschliesbaren Wägegläschen vorsichtig eingedampft, bis der Rückstand nicht mehr leicht fliesst, worauf man noch eine Stunde im Wassertrockenschranke trocknet. Nach dem Erkalten wird gewogen.

Referent erhielt nach diesem Verfahren aus 100 ccm eines Rothweines:

Glycerin: 0,732 — 0,765 — 0,740; im Mittel: 0,746 g.

Aus 100 ccm eines Weissweines wurden erhalten:

Vom Referenten: 0,658 — 0,702 — 0,696⎫ im Mittel: 0,678 g
Von Full-Würzburg: 0,684 — 0,672 — 0,659⎭

Ferner aus 100 ccm eines Rothweines:

Vom Referenten: 0,626 — 0,647 — 0,648
Von Full-Würzburg: 0,645 — 0,681 — 0,644 — 0,645 — 0,667
— 0,662. Im Mittel: 0,652 g.

Man ist sonach in der Lage, nach der angegebenen Vorschrift den Glyceringehalt bis auf eine Abweichung von etwa $4\,\frac{0}{0}$ vom Mittelwerthe zu bestimmen.

Discussion.

Halenke-Speyer theilt mit, dass er mit Befolgung ziemlich derselben Cautelen, wie sie vom Referenten vorgeschlagen seien, zufriedenstellende Resultate erhalten habe; man möge sich jedoch stets daran erinnern, dass das, was man nach derartigen Vorschriften als Glycerin erhalte und wäge, durchaus kein reines Glycerin sei. Kayser-Nürnberg betont ebenfalls den Umstand, dass das nach allen derartigen Vorschriften erhaltene Glycerin ein ganz unreines Produkt sei, so besitze dasselbe meist sehr starke alkalische Reaction, wahrscheinlich herrührend von durch den Zusatz von Aetzkalk entstandenem Aetzkali, da die Asche eines derartigen Glycerines stets stark alkalisch reagire und meist nicht unbeträchtliche Mengen von Kali enthalte; es lasse sich trotzdem die Glycerinbestimmung in vielen Fällen nicht umgehen, wenn sie auch durchaus nicht in allen Fällen erforderlich sei; das, worauf es vor Allem ankomme, sei, dass allgemein nach einer derartigen Methode gearbeitet werde, nach welcher man vergleichbare Resultate erhalte. Medicus-Würzburg bemerkt noch zu der von ihm empfohlenen Methode, dass dieselbe nur für zuckerarme Weine und nicht für Süssweine und Bier anwendbar sei. Hilger-Erlangen macht auf die grossen Schwierigkeiten bei der Glycerinbestimmung aufmerksam, und auf die nicht selten weit von einander abweichenden Resultate, welche verschiedene Chemiker bei der Glycerinbestimmung erhalten haben, die in manchen Fällen aber offenbar nur auf nachlässiges Arbeiten zurückgeführt werden müssen. Er schlägt vor, die vom Referenten der Methode gegebene präcisere Fassung mit Dank anzunehmen und sofort nach derselben zu arbeiten. Fresenius-Wiesbaden ist im Zweifel, ob der Werth der Glycerinbestimmung im Weine für die Beurtheilung desselben wirklich so gross sei, dass dieselbe stets ausgeführt werden müsse, wozu Hilger-Erlangen bemerkt, dass die Glycerinbestimmung im Weine doch in sehr vielen Fällen zur Charakterisirung des Weines nöthig sei, welcher Ansicht sich auch Halenke-Speyer anschliesst, da man in manchen Fällen durch die Glycerinbestimmung doch sehr werthvolle Aufschlüsse erhalte. Kayser-Nürnberg betont noch, dass oft die Glycerinbestimmung den aus den übrigen Untersuchungsresultaten zu ziehenden Schlüssen diene. Hilger-Erlangen ersucht die Versammlung, die Vorschläge des Referenten anzunehmen und im nächsten Jahre über die gewonnenen Erfahrungen Mittheilung zu machen.

Beschluss:

Der Vorschlag des Referenten Medicus-Würzburg wird einstimmig angenommen.

Herr Röse-Erlangen spricht über den Nachweis von Fuselöl in Spirituosen und den Nachweis der Salicylsäure.

Über den Nachweis und die Bestimmung von Fuselöl.

Zum Zweck des Nachweises und der Bestimmung von Fuselöl in Spiritus oder Branntwein sind im Laufe der Zeit die verschiedenartigsten Verfahren in Vorschlag gebracht worden, die aber sämmtlich, mit Ausnahme der von Otto und Marquardt empfohlenen, wenig oder gar keinen Werth besitzen.

Zum qualitativen Nachweis wird fast allgemein der characteristische Geruch des Fuselöls, oder der seiner Oxydationsstufen mehr oder weniger erfolgreich benutzt. Bei Abwesenheit ätherischer Oele im Spiritus oder Branntwein ist das ebenso leicht, als rasch ausführbare Verfahren von Otto zu empfehlen. In allen Fällen, in denen es sich um den Nachweis minimaler Mengen von Fuselöl handelt, muss dagegen die Marquardt'sche Methode zur Anwendung kommen, vermittelst deren man selbst bei Anwesenheit ätherischer Oele noch Spuren von Fuselöl nachzuweisen vermag. Die letztere ist deshalb die empfindlichere, weil der Geruch der Valeriansäure weitaus characteristischer ist, als der des Fuselöls. Wenig empfehlenswerth ist das Verfahren Jorissens, der aus der Intensität der Furfurolreaction auf die Menge des mit anwesenden Fuselöls schliesst, da einerseits die Menge des Furfurols im Fuselöl eine sehr wechselnde ist, und andrerseits die Bedingungen, die eine Bildung von Furfurol bei der alkoholischen Gährung begünstigen, wenig oder gar nicht bekannt sind. Noch weniger empfiehlt sich sowohl das Verfahren, das Hager zum qualitativen Nachweis, als auch dasjenige, welches er zur quantitativen Bestimmung des Fuselöls in Vorschlag gebracht hat.

Unter sämmtlichen diesen Zweck verfolgenden Methoden verdient einzig die von Marquardt Beachtung, allein dieselbe eignet sich ihrer complicirten, lange Zeit in Anspruch nehmenden Ausführungsweise halber, wenig für die Anwendung in der Praxis.

Dem von Röse auf Veranlassung der schweizerischen Regierung ausgearbeiteten Verfahren zur quantitativen Bestimmung von Fuselöl, liegt folgendes Princip zu Grunde:

Chloroform besitzt bekanntlich die Eigenschaft aus einer Lösung der kohlenstoffreicheren Glieder der Alkohole der Fettreihe in verdünntem Weingeist, beim Durchschütteln diese höheren Glieder mit grösserer Leichtigkeit aufzunehmen, als den Aethylalkohol, und zwar ist der Grund dieser Thatsache darin zu suchen, dass die Löslichkeit der Alkohole in Wasser oder verdünntem Weingeist mit wachsendem Kohlenstoffgehalt abnimmt, während sämmtliche Alkohole in allen Verhältnissen mit Chloroform mischbar sind.

Beim Schütteln einer gewissen Menge von Chloroform mit einem bestimmten Quantum eines Gemisches von Wasser und Aethylalkohol zeigte sich, dass die Menge des Aethylalkohols, die von der Chloroformschicht aufgenommen wurde, von der Temperatur, dem Mengenverhältniss und der Concentration des Weingeistes abhängig war, so dass, bei stets gleichbleibenden Temperatur- und Mengenverhältnissen, einer jeden Concentration ein bestimmtes, stets constantes Sättigungsvermögen des Chloroforms entsprach.

Gleichzeitig wurde erkannt, dass das Chloroform beim Durchschütteln mit einem Gemisch, das ausser Wasser und Aethylalkohol noch die höheren Homologe des Letzteren enthält, dieselben Temperatur- und Mengenverhältnisse von Chloroform und Mischung vorausgesetzt, eine wesentlich grössere Zunahme erfährt, als dies beim Durchschütteln mit einem ausschliesslichen Gemisch von Wasser und Aethylalkohol von gleichem specifischen Gewicht der Fall gewesen war. Man besitzt hiernach in der Ermittelung des Sättigungsvermögens von Chloroform für ein Gemisch von Wasser und dem zu untersuchenden Weingeist von bestimmtem specifischen Gewicht, bei festgesetzten Temperatur- und Mengenverhältnissen, ein Mittel zur Beurtheilung der Frage, ob der Weingeist fuselölhaltig ist, oder nicht. Hat man für ein Gemisch von Wasser und Aethylalkohol von bestimmtem specifischen Gewicht das Sättigungsvermögen von Chloroform bestimmt, und ermittelt man dasselbe von Neuem, nachdem der Mischung eine gewisse kleine Menge Aethylalkohol entzogen und durch Amylalkohol ersetzt worden ist, so dass das specifische Gewicht keine nachweisbare Aenderung erfahren hat, so zeigt sich die Zunahme der Chloroformschicht wesentlich grösser, als von vornherein erwartet werden konnte. (Es war hier zunächst der Hauptbestandtheil des Fuselöls, der Amylalkohol ins Auge gefasst worden.)

Der in das Chloroform übergetretene Amylalkohol wirkt hierbei seinerseits lösend auf den Aethylalkohol ein, und zwar zeigte sich, dass das Verhältniss zwischen anwesendem Amylalkohol und dem durch diesen in Lösung übergeführten Aethylalkohol stets ein constantes war.

Dies bemerkenswerthe Verhalten des Amylalkohols ermöglicht seine quantitative Bestimmung.

Bei bekanntem Sättigungsvermögen von Chloroform sowohl für ein Gemisch von Wasser und Weingeist, von bestimmtem specifischen Gewicht, als auch für ein solches, das bei gleichem Wassergehalt an Stelle eines Volumprocentes Aethylalkohol ein Volumprocent Amylalkohol enthält, (die specifischen Gewichte beider Mischungen können als nahezu gleich gelten) kann man, ohne den Gehalt eines Weingeistes an Amylalkohol zu kennen, aus der Zunahme der Chloroformschicht unter den gebotenen Verhältnissen genau die Menge des in dem zu untersuchenden Weingeist enthaltenen Amylalkohols berechnen.

Um die Eigenschaft des Chloroforms in möglichst rationeller Weise für die Methode ausbeuten zu können, war zunächst, unter Zuhilfenahme des später zu beschreibenden Apparates die Sättigungscurve von Chloroform für die verschiedenen Gemische von Wasser und Aethylalkohol, wenn die Durchschüttelung im Verhältniss 20 ccm Chloroform zu 100 ccm Mischung bei 15 ^{0} C. vorgenommen wird, construirt worden.

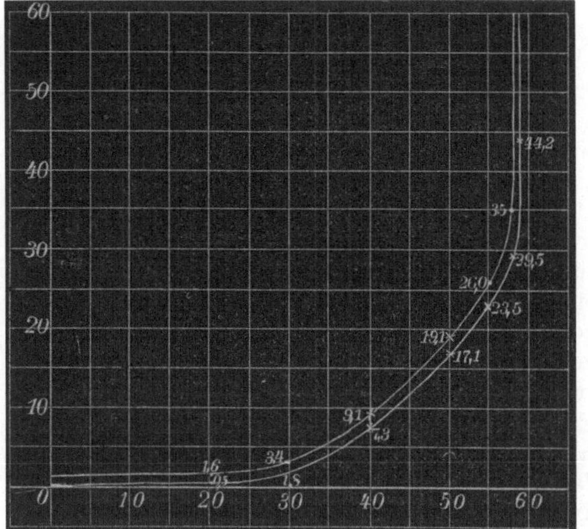

Sättigungscurven

von 20 ccm Chloroform für 100 ccm der verschiedenen Gemische von

Wasser und Aethylalkohol		Wasser, Aethyl- und 1 Volumprocent Amylalkohol	
Volumprocente Alkohol	Höhe der Chloroformschicht	Volumprocente Alkohol	Höhe der Chloroformschicht
20	0,5	20	1,6
30	1,8	30	3,4
40	7,3	40	9,1
50	17,1	50	19,1
55	23,5	55	26,0
58	29,5	58	35,0
59	44,2	59	
60		60	

In vorstehender Zeichnung sind auf der einen Axe die Volumprocente des Gemisches an Aethylalkohol und auf der anderen die Werthe für die entsprechende Zunahme der Chloroformschicht in Cubiccentimetern aufgetragen. Dabei ist zu bemerken, dass die Werthe für die Zunahme bei Beginn und gegen das Ende der Curve auf absolute Genauigkeit keinen Anspruch erheben können, da einerseits bei ziemlich verdünntem Weingeist erschwerte Trennung der Schichten eintritt, und andrerseits bei Mischungen, die über 55 Volumprocent Alkohol enthalten, die geringsten Temperaturschwankungen, beträchtliche Abweichungen zur Folge haben. Für die Mittelwerthe dagegen, von 40 bis 55 Volumprocent Alkohol konnten die Zahlen mit der erforderlichen Schärfe festgestellt werden. Die Curve nimmt bis gegen 40 Volumprocent einen sehr allmählig ansteigenden Verlauf, von hier bis gegen 55 Volumprocent findet ziemlich gleichmässiges und von da ab rapid verlaufendes Anwachsen statt; zwischen 59 und 60 Volumprocent Alkohol verliert sie sich ins Unendliche. In gleicher Weise wurde die Sättigungscurve von Chloroform für verschiedene Gemische von Wasser, Weingeist und 1 Volumprocent Amylalkohol construirt. Die Differenz zwischen beiden Curven beträgt bei 0 Volumprocent Aethylalkohol 1,0 ccm; dieselbe wächst bei 50 Volumprocent auf 2,0 ccm an, und steigt bei höherem Alkoholgehalt über 2 hinaus. Aus Zweckmässigkeitsgründen wurde deshalb bei den späteren Fundamentalversuchen ein 50 volumprocentiger Weingeist zu Grunde gelegt und das obige Mengenverhältniss von 20 ccm Chloroform zu 100 ccm Mischung beibehalten. Die Temperatur, bei der sämmtliche Versuche angestellt wurden, betrug 15 ^{0} C.

Der Apparat, welcher bei den Versuchen zur Verwendung kam, möge durch beigefügte Zeichnung versinnbildlicht werden.

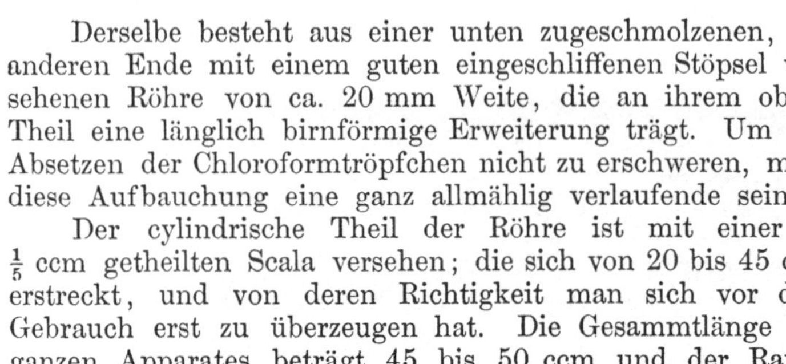

Derselbe besteht aus einer unten zugeschmolzenen, am anderen Ende mit einem guten eingeschliffenen Stöpsel versehenen Röhre von ca. 20 mm Weite, die an ihrem obern Theil eine länglich birnförmige Erweiterung trägt. Um das Absetzen der Chloroformtröpfchen nicht zu erschweren, muss diese Aufbauchung eine ganz allmählig verlaufende sein.

Der cylindrische Theil der Röhre ist mit einer in $\frac{1}{5}$ ccm getheilten Scala versehen; die sich von 20 bis 45 ccm erstreckt, und von deren Richtigkeit man sich vor dem Gebrauch erst zu überzeugen hat. Die Gesammtlänge des ganzen Apparates beträgt 45 bis 50 ccm und der Rauminhalt desselben 175 bis 180 ccm. Das bei den Versuchen zur Verwendung kommende Chloroform muss zuvor durch Rectification gereinigt werden. Um einen Weingeist von beliebigem Gehalt auf genau 50 Volumprocent zu bringen, muss man sein specifisches Gewicht kennen, und ermittelt dasselbe bei 15° C. am besten vermittelst der Mohr'schen oder Westphal'schen Wage. Aus der zugehörigen Tabelle erfährt man dann direct die Volumprocente Alkohol, resp. Wasser, die in ihm enthalten sind, und man hat nur nöthig, diese Zahl mit zwei zu multipliciren, um aus der Differenz dieser Zahl von 100 zu erfahren, wie viel Alkohol, beziehungsweise Wasser zu 100 ccm des zu untersuchenden Weingeists gefügt werden muss. Da hierbei stets eine kleine Contraction eintritt, so hat man sich nach dem Verdünnen erst zu überzeugen, ob der Weingeist auch das gewünschte specifische Gewicht besitzt, und muss dann eventuell noch eine geringe Menge Alkohol oder Wasser hinzufügen.

Zur Ausführung des eigentlichen Versuchs bringt man vermittelst eines an einer längeren Röhre angeschmolzenen Trichters 20 ccm Chloform in den völlig trockenen Apparat und schichtet vorsichtig, so dass noch kein Vermischen eintritt, 100 ccm des zu untersuchenden fünfzigprocentigen Weingeists darüber. Hierauf verschliesst man die Röhre mit dem Glasstopfen, den man vortheilhaft mit etwas Vaseline bestreicht, und bringt den Apparat, damit der Inhalt die erforderliche Temperatur von 15° C. annimmt, in einen grösseren Wasserbehälter, dessen Temperatur genau 15° C. beträgt. Nach Verlauf einer halben Stunde nimmt man die Röhre heraus und schüttelt den Inhalt derselben zwei Minuten lang kräftig durch. Hierauf bringt man den Apparat wieder in den Wasserbehälter zurück und lässt bei 15° C. absetzen.

Es ist vortheilhaft, den Apparat von Zeit zu Zeit zwischen den Fingern um seine Axe hin und her drehend zu bewegen, um Chloroformtröpfchen, die sich an der Wand festgesetzt haben, zum Loslösen zu bringen. Nach Verlauf einer Stunde werden nur noch wenige Chloroformtröpfchen in der obern Schicht suspendirt sein, die keinen merklichen Einfluss auf das Resultat auszuüben im Stande sind, und man kann jetzt das Niveau der Chloroformschicht ablesen.

Wenn man alle Operationen mit der erforderlichen Sorgfalt ausführt und namentlich darauf achtet, dass genau fünfzigprocentiger Weingeist und genau 20 ccm Chloroform zu dem Versuch in Arbeit genommen werden, so kann man auf völlig zuverlässige und untereinander gut übereinstimmende Resultate rechnen. Zum Belege sind eine Anzahl von Versuchen angestellt worden, deren grösste Abweichung von der Mittelzahl 0,05 beträgt.

a. Ermittelung des Sättigungsvermögens von 20 ccm Chloroform für 100 ccm chemisch reinen fünfzigvolumprocentigen Aethylalkohol,

Höhe der Chloroformschicht

I	37,10
II	37,10
III	37,15
IV	37,10
V	37,05
VI	37,05
VII	37,10
VIII	37,10
IX	37,15
X	37,10
Mittel	37,10

b. Ermittelung des Sättigungsvermögens von 20 ccm Chloroform für 100 ccm eines Gemisches, das aus 50 ccm Wasser, 49 ccm Aethylalkohol und 1 ccm Amylalkohol bestand.

Höhe der Chloroformschicht

I	39,10
II	39,15
III	39,15
IV	39,10
V	39,10
VI	39,05
Mittel	39,11

c. Ermittelung des Sättigungsvermögens von 20 ccm Chloroform für 50 ccm chemisch reinen fünfzigvolumprocentigen Aethylalkohol, gemischt mit 50 ccm von dem bei Versuchsreihe b zur Verwendung gekommenen Gemisch.

Höhe der Chloroformschicht

I	38,10
II	38,10
III	38,05
IV	38,15
Mittel	38,10

Aus der Differenz der Mittel bei den zwei Versuchsreihen a und b geht hervor, dass einem Gehalt von einem Volumprocent Amylalkohol eine Zunahme der Chloroformschicht von 37,1 bis 39,1 = 2,0 cm entspricht.

Durch die Versuchsreihe c sollte festgestellt werden, ob das Verhältniss zwischen Amylalkohol und dem durch diesen in Lösung übergeführten Aethylalkohol ein constantes ist oder nicht.

Es zeigt sich hierbei, dass die auf Rechnung des Amylalkohols kommende Menge des Aethylalkohols stets der Quantität des ersteren proportional ist.

Bei einem jeden durch alkoholische Gährung entstandenen Weingeist sind ausser Wasser, Aethyl- und Amylalkohol stets noch in mehr oder weniger grosser Menge andere, höher als Aethylalkohol siedende Homologe desselben vorhanden. Ausserdem finden sich noch in geringer Menge Stoffe verschiedenartiger Natur in demselben vor, wie Furfurol, zusammengesetzte Aether etc., die für analytische Bestimmungszwecke erst in zweiter Linie in Betracht kommen.

Ausser dem Amylalkohol, welcher stets den Hauptbestandtheil aller Fuselöle bildet, sind es noch Isobutyl- und Propylalkohol, welche als besonders wichtig in Betracht zu ziehen sind. Diese beiden Alkohole verhalten sich dem Chloroform gegenüber im Wesentlichen dem Amylalkohol ganz analog, nur ist, da dieselben im Wasser oder in stark gewässertem Weingeist weniger schwer löslich sind, als dieser, das Bestreben, in die Chloroformschicht überzutreten, bei ihnen weniger gross, als beim Amylalkohol.

Ein in dieser Richtung mit Isobutylalkohol angestellter Versuch zeigte, dass einem Gehalt von einem Volumprocent dieses Alkohols eine Zunahme der Chloroformschicht von 1,70 ccm entspricht, während ein Gehalt von einem Volumprocent Propylalkohol 1,0 ccm Zunahme ergab. Ermittelt man daher das Sättigungsvermögen des Chloroforms für einen Weingeist, der ein Volumprocent Fuselöl enthält, so kann man a priori sagen, dass die Zunahme der Chloroformschicht eine geringere sein wird, als dies bei einem Gehalt von einem Volumprocent Amylalkohol der Fall ist.

Die Versuche, welche hierüber angestellt wurden, indem für 100 ccm eines Gemisches, das aus 50 ccm Wasser 49 ccm Aethylalkohol und 1 ccm Fuselöl (aus Kornbranntwein dargestellt) bestand, das Sättigungsvermögen von 20 ccm Chloroform bestimmt wurde, bestätigten diese Annahme, wie aus folgenden Versuchszahlen zu ersehen ist.

d.

	Höhe der Chloroformschicht
I	38,90
II	38,90
III	38,90
Mittel	38,90

Die Zunahme der Chloroformschicht stellt sich für ein Volumprocent Fuselöl aus Kornbranntwein, das bekanntlich relativ arm an Amylalkohol ist, auf 1,80 im Mittel aus drei Versuchen.

Die Grösse des Sättigungsvermögens von Chloroform für Alkohole verschiedenen Ursprungs sollte deshalb nicht auf Amylalkohol, sondern auf Fuselöl des betreffenden Ursprungs bezogen werden.

Die Zunahme der Chloroformschicht wird sich für ein Fuselöl selbstverständlich um so höher gestalten, und der für reinen Amylalkohol ermittelten Zahl um so näher kommen, je reicher dasselbe an Amylalkohol ist.

Wenn auch zur Zeit noch kein genügendes Analysenmaterial existirt, mit dessen Hülfe die Zusammensetzung der verschiedenen Fuselöle genauer festgestellt werden könnte, so ist es doch sehr wahrscheinlich, dass, obgleich sich die verschiedenen Fuselöle in der Zusammensetzung unter einander unterscheiden, dennoch bei einem und demselben Fuselöl derselben Darstellungsweise keine allzugrossen Schwankungen des Verhältnisses der Bestandtheile vorkommen.

Wenn man nach dem bei Versuchsreihe das zur Anwendung gekommene Verfahren das Sättigungsvermögen des Chloroforms die für verschiedenen Fuselöle experimentell ermittelt, so findet man die Zahlen, auf welche bei den zu untersuchenden Alkoholen, vorausgesetzt, dass deren Ursprung bekannt ist, die Zunahme der Chloroformschicht bezogen werden muss, um eine richtige Vorstellung von der Quantität des in dem Weingeist enthaltenen, ihm eigenthümlichen Fuselöls zu bekommen. Durch Vergleich dieser Zahlen mit der für reinen Amylalkohol ermittelten Zahl findet man für jedes Fuselöl einen Factor, mit dem die auf reinen Amylalkohol bezogene Grösse der Zunahme der Chloroformschicht multiplicirt werden muss, um zum wahren Gehalt des zu untersuchenden Alkohols an dem betreffenden Fuselöl zu gelangen, auch hier vorausgesetzt, dass man den Ursprung des betreffenden Weingeistes kenne.

Für Fuselöl aus Kornbranntwein stellt sich dieser Factor auf 1,11.

Die übrigen Factoren für die Fuselöle anderen Ursprungs haben bisher wegen Mangels an dem nöthigen Ausgangsmaterial noch nicht festgestellt werden können.

Das Ergebniss der in dieser Richtung in Aussicht genommenen Versuche, sowie das Resultat der Untersuchungen, betreffend die Anwendbarkeit der Methode auf die Handelswaare, wird demnächst veröffentlicht werden können.

Ueber den qualitativen Nachweis der Salicylsäure.

Bei Anwesenheit grösserer Mengen von Salicylsäure im Bier oder Wein gelingt ein Nachweis derselben schon durch einfaches Ausschütteln der angesäuerten Flüssigkeit mit Aether und Zufügen von etwas Eisenchlorid zur wässrigen Lösung der Aetherausschüttelung.

Handelt es sich aber um relativ kleine Mengen von Salicylsäure, so lässt dies Verfahren bei Bier und bei Rothweinen bald im Stich. Es treten beim Ausschütteln neben diesen Spuren von Salicylsäure noch in gewisser Menge andere Stoffe in den Aether ein, die selbst mit Eisenchloridlösung farbige Reactionen geben und geeignet sind, die charakteristische Salicylsäure-Eisenoxydreaction vollständig zu verdecken. Zunächst beim Bier. Es gehen hier beim Ausschütteln mit Aether bei gleichzeitigem Ansäuern neben Salicyl- und Essigsäure nicht unbeträchtliche Mengen von Hopfenharz in Lösung. Eine Aufnahme von Milchsäure oder Buttersäure findet nicht statt, diejenige von Gerbsäure erfolgt dagegen nur in höchst minimaler Menge.

Diese Spuren von Hopfengerbsäure reichen hin, um bei einzelnen Bieren der mit Eisenchlorid versetzten wässrigen Lösung der Aetherausschüttelung eine etwas dunkle Färbung zu ertheilen, intensiv genug, um Salicylsäure in geringer Menge zu verdecken. Ausserdem ist Eisenchlorid für sich allein nicht im Stande, die in die wässrige Lösung eingegangenen Bestandtheile des Hopfenharzes völlig nieder zu schlagen. Vollständiger gelingt dies schon bei gleichzeitiger Anwendung von Kupfersulfatlösung in geringer Menge, durch welche gleichzeitig die in Lösung befindliche Hopfengerbsäure unlöslich gemacht zu werden scheint.

Da aber auch dies Verfahren hinsichtlich seiner Schärfe zu wünschen übrig lässt, so empfiehlt sich der Nachweis der Salicylsäure nach demjenigen von Röse, das den doppelten Vortheil bietet, sowohl bei Bier, als auch bei selbst stark gerbsäurehaltigen Weinen zur Anwendung kommen zu können. Es ist das folgende:

100 beziehungsweise 50 ccm des Bieres werden in einem geräumigen Scheidetrichter nach dem Ansäuern mit 5 ccm verdünnter Schwefelsäure mit dem gleichen Volumen eines Gemisches Aether-Petroläther zu gleichen Theilen kräftig durchgeschüttelt. Die Trennung beider Schichten erfolgt sehr rasch. Man lässt jetzt die wässrige Schicht ausfliessen und giesst die ätherische durch den Hals des Scheidetrichters unter gleichzeitigem Filtriren in ein kleines Kölbchen. Nachdem jetzt der Aether und der grösste Theil des Petroläthers bis auf wenige Cubiccentimeter abdestillirt worden ist, bringt man in den noch heissen Kolben 3—4 ccm Wasser und schwenkt gehörig um. Man fügt alsdann unter gelindem Umschütteln einige Tropfen einer verdünnten Eisenchloridlösung hinzu und filtrirt den Inhalt des Kölbchens durch ein mit Wasser angefeuchtetes Filter, durch das nur der wässrige Theil passiren kann. Beim Zufügen von Eisenchlorid nimmt der Petroläther durch Aufnahme einer Eisenoxyd-Hopfenharzverbindung, die vorläufig nicht näher präcisirt werden kann, eine tiefgelbe Färbung an. Bei Abwesenheit von Salicylsäure ist das Filtrat nahezu wasserhell, mit einem schwachen Stich ins Gelbliche, ein Beweis, dass keine Spur von Hopfengerbsäure aufgenommen wurde. Ist aber Salicylsäure auch nur in Spuren zugegen, so nimmt das Filtrat die bekannte violette Färbung an.

Die Empfindlichkeit des Verfahrens ist eine sehr grosse, und geht, da bei einmaligem Ausschütteln schon fast vollständige Aufnahme der Salicylsäure erfolgt, und da das Filtrat nur sehr wenig gefärbt erscheint, nahezu ebenso weit, wie die Empfindlichkeit der Salicylsäure-Eisenoxydreaction selbst.

Vermittelst der Methode ist man im Stande, noch 0,1 mgr Salicylsäure im Liter nachzuweisen.

Die technische Ausführung geschieht bei Wein in derselben Weise, nur zeigt hierbei die Gerbsäure des Weines ein von der Hopfengerbsäure abweichendes Verhalten.

Das Gemisch von Aether-Petrolaether nimmt Weingerbsäure in minimaler Menge auf. Eine gleichzeitige Anwesenheit von Salicylsäure kann nur dann verdeckt werden, wenn dieselbe ihrerseits nur in Spuren zugegen ist. Immerhin vermag man solche noch nachzuweisen. Bekommt man beim Zufügen von Eisenchlorid zur wässrigen Lösung der Ausschüttelung schwache Gerbsäurereaction, so säuert man wiederum mit Schwefelsäure an, verdünnt hierauf mit Wasser auf 50 ccm und schüttelt noch einmal mit dem gleichen Volum des Gemisches Aether Petrolaether aus. War Salicylsäure zugegen, so erhält man, nach dem Abdestilliren der zweiten Ausschüttelung auf Zusatz von einem Tropfen Eisenchlorid zur wässrigen Lösung des Destillationsrückstandes die characteristische Salicylsäurereaction. Die Gerbsäure bleibt diesmal vollständig in der wässrigen Lösung.

Selbst bei stark gerbsäurehaltigen Rothweinen lässt sich noch 0,2 mgr Salicylsäure im Liter nachweisen.

Mittheilungen über Weinfarben
von Medicus-Würzburg.

Referent zeigt eine Anzahl von zum Färben von Rothweinen dienenden Farbstoffen vor, sowie eine Reihe von mit ihnen gefärbten Seiden- und Wollen-Fadengeweben.

Schluss der Versammlung des ersten Tages um 3 Uhr Nachmittags.

Fortsetzung der Berathungen am 8. August, Vormittags 9 Uhr.

Den ersten Gegenstand der Tagesordnung bildet die Bestimmung von Zeit und Ort der nächsten Versammlung. Der Vorsitzende Hilger-Erlangen schlägt als Ort der nächsten Versammlung Würzburg vor, das bekanntlich bereits für die diesjährige Versammlung in Aussicht genommen gewesen sei, nur der in diesem Jahre in Nürnberg vorhandenen internationalen Ausstellung von Arbeiten aus edlen Metallen und Legirungen wegen habe man nochmals Nürnberg als Versammlungsort gewählt. Als Zeit der nächsten Versammlung schlägt der Vorsitzende die zweite Woche des August vor, vorbehaltlich genauer Festsetzung des Datums. Die vom Vorsitzenden gemachten Vorschläge betreffs Ort und Zeit der nächsten Versammlung werden von der Versammlung angenommen. Medicus-Würzburg dankt im Namen der Würzburger Mitglieder der Vereinigung für die getroffene Wahl Würzburgs als nächsten Versammlungsort.

Den zweiten Gegenstand der Tagesordnung bildet die Wahl des geschäftsführenden Ausschusses für das 1885/86. Auf Vorschlag von Medicus-Würzburg wird der seitherige Ausschuss, bestehend aus: Prof. Dr. Hilger-Erlangen, Dr. R. Kayser-Nürnberg, Dr. E. List-Würzburg, Medicinalrath Dr. D. Egger-Bayreuth, Apotheker Th. Weigle-Nürnberg, wiedergewählt. Hilger-Erlangen nimmt für sich und die übrigen Mitglieder des Ausschusses die Wiederwahl dankend an.

Der Vorsitzende schlägt hierauf der Versammlung mit Bezugnahme auf den gestrigen Beschluss die Constituirung folgender Commissionen vor: 1. Milch, 2. Bier, 3. Wein, Spirituosen, Essig, 4. Wasser, 5. Fette, 6. Gewürze, Mehl, Wurstwaaren, Brot, 7. Cacaofabricate, Kaffee, Thee, Conditorwaaren, Fruchtsäfte, 8. Farben, Spielwaaren, Tapeten, Buntpapier, 9. Metall-

gefässe, Ess-, Trink-, Kochgeschirr, Metallröhren, Metall-
folien etc.

Jede Commission wird einen Vorsitzenden, stellvertretenden Vorsitzenden, zur Leitung der Geschäfte erhalten.

Die Commissionen verkehren direct mit dem Vorsitzenden des
geschäftsführenden Ausschusses, z. Z. Dr. Hilger-Erlangen.

Die Versammlung stimmt diesen Vorschlägen sowie den einstweilen
vorgeschlagenen Commissionsvorständen bei und überlässt die weitere
Organisation dieser Commissionen und deren Thätigkeit dem geschäftsführenden Ausschusse.

Es folgt alsdann das Referat über:

Was soll in Zukunft bei der Bereitung des bayerischen Bieres erlaubt sein?

von H. Vogel-Memmingen.

Bei der besondern Wichtigkeit dieses Gegenstandes war vom geschäftsführenden Ausschusse Fürsorge getroffen worden, dass der sich
auf dieses Referat beziehende Theil der Verhandlungen stenographisch
aufgezeichnet wurde, um den nicht anwesenden Mitgliedern der Vereinigung sowie ausserhalb der Vereinigung stehenden, sich für den
Gegenstand interessirenden Persönlichkeiten eine genaue Wiedergabe der
Verhandlungen geben zu können.

Vogel-Memmingen: Meine Herren! Ich glaube, dass ich auf
keinen Widerspruch von irgend einer Seite stosse, wenn ich zunächst den
Satz aufstelle, dass eine Aenderung der bestehenden gesetzlichen Verhältnisse in Bayern, die Bierbereitung betreffend, eine dringende Nothwendigkeit ist. Es ist in der Deutung des § 7 eine Unklarheit thatsächlich
bei uns eingerissen, eine Unklarheit nicht bloss bei den Brauern,
sondern auch bei den Richtern. Wir haben bei den verschiedenen
Processen Urtheile zu hören bekommen, welche sich in ihren Motiven
alles eher als decken. Mehr als einmal wurde z. B. doppeltkohlensaures
Natrium als einfaches Vergehen gegen das Nahrungsmittelgesetz ver-
urtheilt, das mit dem Malzaufschlaggesetz absolut nichts zu thun habe,
weil dieses als ein Finanzgesetz sich um weiter nichts als um Surrogate
für Malz (und nicht um Hopfen u. dergl.) zu kümmern habe.

Welch verschiedene Behandlung hat ferner die Salicylsäure erfahren? Welche Unklarheit herrscht bei Richtern und sagen wir es
offen auch bei Sachverständigen über Beginn und Ende der »Bierbereitung«, wie sie im vielgenannten § 7 vorkommt.

Ich habe reiche Gelegenheit gehabt hierüber persönliche Erfahrungen
zu sammeln und fühle mich dazu berechtigt, es hier ebenso laut auszusprechen, wie ich es höhern Orts schon gethan habe, dass es im
Interesse des reellen Braugewerbes wäre, an eine Revision und präcisere Fassung des § 7 zu gehen. Es liegt auch allenthalben wie eine
dunkle Ahnung in der Luft, dass hierin etwas geschehen müsse.

Wir haben uns heute die Aufgabe gestellt, einige der brennend-
sten Fragen aus diesem Gebiete herauszugreifen und sie zu berathen.

Ich möchte nur dabei gleich vorausschicken, dass ich, mag das Resultat unserer Berathung wie immer sein, demselben nur einen provisorischen Character verleihen möchte d. h. meiner Ansicht nach soll erst nachher eine Commission von weiteren Sachverständigen des Vereins gehört werden, namentlich wegen der Salicylsäure; ob und wie weit sie gesundheitsschädlich ist, das geht uns heute nichts an. Kurzum unsere Beschlüsse sollen nur einen orientirenden Charakter erhalten. In dieser späteren Commmission sollen aber dann ausser Gross-, Klein- und Mittelbrauern und technischen Sachverständigen auch Aerzte gehört werden.

Bei meinen heutigen Erörterungen lasse ich also diesen Standpunkt absichtlich ausser Acht und bemerke nur, dass wir heute bei unsern Beschlüssen dreierlei Interessen stets im Auge zu behalten haben: erstens das Interesse des Publikums, dann das Interesse des Braugewerbes und endlich in dritter Linie das Interesse des Fiscus, der ja im hohen Grade dabei betheiligt ist, weil ja bekanntlich ein enormes Quantum Steuer rein nur aus dem Malzaufschlagsgesetz erhalten wird. Ich habe mich nicht ohne Bedenken entschlossen, mit Vorschlägen an Sie heranzutreten, weil ich es für eine sehr undankbare Aufgabe halte und ich bin überzeugt, dass alle Vorschläge, wir mögen machen welche wir wollen, von irgend einer der drei interessirten Gruppen nicht mit Befriedigung aufgenommen werden. Ich will nun gleich in medias res gehen und meine Vorschläge, die ich Ihnen zur Berathung unterstellen möchte, bekannt geben. Zunächst möchte ich also den Begriff der Bierbereitung, der ja bei uns wiederholt beanstandet worden ist, genau fixirt haben und zu dem Zweck habe ich den Satz aufgestellt: **Bier darf in Bayern nach Herkommen und Gebrauch auch ferner nur aus Wasser, Hopfen und Malz aus Gerste (Braunbier), beziehungsweise Gerste und Weizen (Weissbier) [also auch Farbmalz], mit Hilfe von Hefe bereitet werden.**

Dieser Grundsatz ist der alte, der bei uns bis jetzt gegolten hat; er soll auch fernerhin gelten: Zur Bereitung von Bier dürfen keine weiteren **Rohmaterialien**, also nie und nimmermehr Surrogate verwendet werden. Wenn wir uns nachher vielleicht in der Lage befinden sollten, weiter über kellerrechte Behandlung des **Biers im Lagerkeller** Ausnahmen zuzulassen, so unterscheiden wir uns immer noch himmelweit von dem norddeutschen Braugewerbe, denn in diesem sind Rohmaterialien anderer Art, dort sind Surrogate gestattet; diese sollen bei uns auch ferner verboten bleiben; die Befürchtung also, dass mit einer Aenderung des als ungenügend erkannten § 7 unseres Malzaufschlaggesetzes der dermalige Ruf des bayerischen Bieres eine Verkümmerung erleiden möchte, diese Befürchtung kann ich nicht theilen. Bei uns soll nach wie vor das alte Gesetz gelten: dass zur **Bereitung** unseres Bieres **nur** Malz, Hopfen und Wasser verwendet werden darf, die Hefe natürlich muss als weiteres Hilfsmittel hereingehören. Ich habe hier auch den Ausdruck Farbmalz hineingezogen, weil er noch in das Gebiet der **Bierbereitung** gehört. Dann habe ich auch Malz aus Gerste erwähnt zum Brauen von Braunbier und extra noch aus Gerste und Weizen zur Gewinnung von Weissbier. Weizen müssen wir nämlich mit Rücksicht auf das Weissbier hier mit aufführen. Ich möchte nun zunächst diesen Satz der Diskussion unterstellt haben und ersuche deshalb den Herrn Vorsitzenden, die Diskussion zu eröffnen.

Vorsitzender: Meine Herren! Wenn ich mir einen Vorschlag erlauben darf in Bezug auf den Gang der Debatten, so glaube ich, dass es zweckmässig ist, zuerst ein Gesammtbild über das ganze Gebiet zu bekommen zur besseren Orientirung für unsere Theilnehmer. Damit Sie einen Gesammteindruck erhalten, müssen die Grundprincipien, die kritischen Punkte, hervortreten. Ich bitte den Herrn Redner, sein Referat fortzusetzen.

Vogel-Memmingen: Wenn wir nun den Brauereibetrieb in seinen Einzelheiten betrachten, so stossen wir vor Allem auf ein sehr wichtiges Capitel, »die **Reinigung und Reinhaltung der Brauge-schirre.**« In dieser Richtung möchte ich meinen zweiten Vorschlag dahin zusammenfassen, dass wir für gewisse Fälle, wenn es dem Brauer nützlich ist, doppeltschwefligsauern Kalk als statthaft erklären. Derselbe wird thatsächlich jetzt schon als Reinigungsmittel von den meisten Gerichten nicht mehr beanstandet; trotzdem haben anderwärts die Brauer auch jetzt noch zu fürchten, dass sie wiederum unter Anklage kommen; kommt es dann auch nicht zur Gerichtsverhandlung, so riskiren sie doch immerhin, dass eine Voruntersuchung gegen sie eingeleitet wird, und es gehört wohl sehr wenig Kenntniss vom Brauereibetrieb dazu, um zu wissen, dass auch eine Voruntersuchung, wenn auch nur eingeleitet, einem Brauer einen ganz enormen Schaden bringen kann. Ich glaube, Sie werden im Princip damit einverstanden sein, wenn ich als § 2 den Satz aufstelle: Zum Zwecke der Reinigung und Reinhaltung der Braugeräthe aller Art, auch der Flaschenspunde, ferner zum Bestreichen der Wände und Böden in der Tenne und in den Kellern, sowie beim Weichen der Gerste **kann**, wenn Wasser allein, beziehungsweise Kalk oder Kalk mit Soda nicht genügen sollte, der sogenannte doppeltschwefligsaure Kalk angewendet werden. Ich setze dem gleich bei, dass ich die Salicylsäure in Zukunft zunächst dazu nicht verwendet wissen will und bin auch bereit, Dieses nachher zu motiviren. Ich behaupte aber, dass diese Ausschliessung der Salicylsäure als Reinigungsmittel nur dann einen Sinn hat, wenn Sie dieselbe nach meinen Vorschlägen als bedingt gestattetes Conservirungsmittel betrachten. Weiter erkläre ich noch Folgendes: Diese Sätze sind gestern in einem kleineren Kreise von Fachgenossen und Vereinsmitgliedern bereits vorberathen worden und da waren alle Herren mit mir einig, dass wir dem Brauer für Reinigungszwecke die Verwendung von Salicylsäure widerrathen. Es ist nämlich nicht richtig, dass die Salicylsäure gerade so wirksam sei als doppeltschwefligsaurer Kalk. Dann kommt dazu, dass der doppeltschwefligsaure Kalk viel billiger ist. Also wenn er wirksamer und billiger ist, so geben wir nur diesen frei, und wir sind dann nicht in der Lage, dass wir dem Brauer das Schiessgewehr mit der Salicylsäure in die Hand zu geben brauchen. Denn, wenn die Herren sich zur Gestattung der Salicylsäure entschliessen sollten, so geht mein Vorschlag dahin, dass man niemals den Brauer dieselbe zusetzen lässt, sondern nur den Aufschlagsbeamten; der Brauer hat beim Zusatz selbst gar nichts zu thun. Als weitere Ergänzung füge ich dann den Satz hinzu: der jeweiligen Verwendung des doppeltschwefligsauren Kalks hat stets ein gründliches Nachwaschen mit Wasser zu folgen. Nach dem vorletzten Weichwasser darf der Zusatz nicht mehr stattfinden, noch viel weniger zur keimenden Gerste auf der Tenne. Wir müssen diesen Satz deshalb aufnehmen, weil sonst eine Ausrede auf der Hand läge, falls der Brauer auch doppeltschwefligsauren Kalk in's Bier hineinthäte (und die Gefahr liegt ja sehr nahe): »ich habe nichts hineingethan — ja ich schwöre es ihnen; mein Braubursche hat vielleicht nicht sauber ausgewaschen — und das, was die Chemiker gefunden haben, das ist auf diese Art in's Bier gekommen.« Darum muss ausdrücklich dem Brauer zur Pflicht gemacht werden, dass er ein gründliches Waschen nachweisen kann. In einem Geschäfte, wo ohnedem Reinlichkeit, ich möchte sagen Reinlichkeit bis zum Excess, erste Bedingung eines geregelten Betriebes sein muss, kann diese ausdrückliche Forderung nicht als vexirende Ranküne aufgefasst werden. Denn Reinlichkeit war ja bis jetzt die erste Vorschrift der Brauer und soll es auch in alle Zukunft bleiben.

Was das Gestatten des doppeltschwefligsauren Kalkes in der Mälzerei betrifft, so kann der Brauer nämlich den doppeltschwefligsauren Kalk ruhig zur Reinigung und Reinhaltung seiner Gerste verwenden, nur muss er ihn nachher wieder durch Auswaschen entfernen, auch muss das Waschen mit doppeltschwefligsaurem Kalke spätestens mit dem vorletzten Weichwasser geschehen. Gestatten wir nun die Anwendung des doppeltschwefligsauren Kalkes als Reinigungsmaterial, so ist selbstverständlich eine strenge Controlle nöthig und zwar schlage ich für die Untersuchung des Bieres in dieser Richtung vor: »Es dürfen aus dem Destillat von 200 ccm Bier nicht mehr als 10 mgr schwefelsaures Baryt erhalten werden.« Diese Grenze ist vorgeschlagen worden vom Herrn Collegen Herz aus Würzburg; Herr Prof. Hilger hat dieselbe Grenze beobachtet, und auch ich habe für meine gerichtlichen Gutachten schon im November 1884 dieselbe Grenze gefunden. Sie tritt ganz gewiss dem Brauer nicht zu nahe; er darf im Gegentheil beruhigt sein; wenn er auch den stärkst geschwefelten Hopfen nimmt, so kann er nicht eine solche Quantität schwefliger Säure hinein bekommen, wenn er nicht selbst Zusätze von doppeltschwefligsaurem Kalk zu seinem Biere gemacht hat. Es ist hier übrigens in diesem Vorschlage eine kleine Aenderung enthalten gegenüber unseren Vereinbarungen; es heisst dort: »100 ccm Bier«, ich kann Ihnen aber auf Grund meiner Untersuchungen sagen, dass 100 ccm nicht ausreichen und ich kann Ihnen bestimmt versichern, dass dem Richter mit ungefährer Abschätzung nicht gedient ist. Unsere Vereinbarungen aber sprechen nur von solchen Schätzungen »schwacher Trübung und Spuren einer Trübung.« Alles das hört auf, wenn Sie sich eines Quantums von 200 ccm bedienen. Sie sind irrig daran, wenn Sie sagen, eine solche charakteristische Erscheinung zeige sich auch bei 100 ccm zur Genüge. Mit 100 ccm ist nichts zu machen. Das wäre eine ganz kleine Veränderung der Vereinbarungen. Dann möchte ich noch speciell für die Zwecke der zollamtlichen Aufsicht über die Brauereien den Vorschlag machen ohne ihn selber zu empfehlen, ob es zur Controlle nicht am Ende zweckdienlicher wäre, alle Brauer, welche doppeltschwefligsauren Kalk zu Reinigungszwecken benutzen, zu zwingen, den jedesmaligen Bezug von doppeltschwefligsaurem Kalk anzuzeigen. Es wird sich dann sehr bald herausstellen, dass der Brauer nur zu bestimmten Zeiten thatsächlich ein Bedürfniss dazu hat. Die Gefahr der Schimmelbildung ist vorzugsweise zur warmen Jahreszeit vorhanden. Die kleinen Brauer haben da schon längst mit Mälzen aufgehört. Ein Interesse haben alsdann nur noch diejenigen, welche das Mälzereigeschäft betreiben oder eine Grossbrauerei besitzen, die also auch im Sommer das Geschäft fortführen. Dann müsste natürlich, wenn ein solcher Bezug angegeben werden sollte, selbstverständlich die Zuwiderhandlung mit einer Conventionalstrafe belegt werden.

Wir wenden uns zu den **Conservirungsmitteln.** Da gelangen wir zu jenem Thema, über das eine völlige Einigung wohl am schwersten sein wird: die Conservirung des Bieres selbst und die Conservirung seiner Rohmaterialien. Von den Rohmaterialien braucht das Malz kein Conservirungsmittel. Der Hopfen aber kann wie bisher mit schwefliger Säure conservirt werden. Die Hefe kann mit Salicylsäure conservirt werden, jedoch ist sie vor dem Gebrauche auszuwaschen.

Eine weitere Ergänzung über die Behandlung der Hefe hat eine Anfrage veranlasst, die mir von München zugegangen ist. Dort wurde Hefe mit phosphorsaurem Kali behandelt und meiner Ansicht nach kann eine solche Behandlung, wo es sich um Kräftigung der Hefe handelt, nicht beanstandet werden. Es wird ein enorm kleines Quantum zugegeben, von den Hefenzellen rasch aufgenommen und damit scheint mir wieder das richtige Verhältniss hergestellt. Thatsache ist, dass die so behandelte vorzügliche Hefe sich ein grosses Absatzgebiet erobert hat. Die Behandlung mit phosphorsaurem Kali zur Kräftigung der Hefe kann Brauern sonach wohl gestattet werden. Sie sollten aber Anzeige hiervon erstatten, weil die Gefahr nahe liegt, dass das Salz auch in die Würze gegeben wird. Während nun die Verwendung des phosphorsauren Kalis bis jetzt noch wenig bekannt ist, ist der Zusatz der Salicylsäure zur Hefe mehrmals Gegenstand unserer Processe geworden, jedoch jedesmal auf Grund der sachverständigen Gutachten freigesprochen worden. Eine besondere Wirksamkeit schreibe ich dieser Verwendungsform nicht einmal zu, aber die Brauer haben sich diese Verwendung einmal aufreden lassen und sie sollen nun durch obigen Satz von zukünftigen Beanstandungen befreit bleiben. Im übrigen ist hierbei die Hauptsache jedenfalls ein gründliches Abwässern, damit die Bacterien hinausgebracht werden. Falls also das Bedürfniss nach Ansicht eines Brauers vorhanden sein sollte, so darf man den Satz aussprechen, dass die Hefe mit Salicylsäure behandelt werden

darf, aber unter der Bedingung, dass sie wenigstens fünf-
mal gewässert wird. Ich sehe nicht ein, warum der Brauer, wenn
er grosse Vortheile von einer derartigen Verwendung der Salicylsäure
zu erreichen glaubt, nicht auch die Verpflichtung auf sich nehmen
soll, nur in der difficilsten Weise dieselbe durchzuführen.

Nun kommen wir zur Salicylsäure im Biere. Hier treten die drei
verschiedenen Interessengruppen besonders lebhaft in den Vordergrund.
Dass Conservirungsmittel wirklich heutzutage unter Umständen recht
nothwendig für den Brauer werden können, das wird wohl keiner mehr
bestreiten wollen. Es giebt in der reellsten und, was ich besonders betonen muss, auch in der reinlichsten Brauerei
Fälle, wo das Bier wirklich Gefahren ausgesetzt ist und aus diesen
Gefahren zu retten, ist nur irgend ein Conservirungsmittel im Stande.
Sie haben eigentlich schon früher in der Richtung eine Concession
ausgesprochen in dem Satze unserer Vereinbarungen, »dass der Zusatz der Salicylsäure zum Exportbier gestattet werden solle,
wenn in den betreffenden Ländern der Zusatz von Salicylsäure erlaubt ist.« Sie haben damals, wo von einer Aenderung
des Malzaufschlaggesetzes nicht die Rede war, einen Beschluss gefasst,
mit dem Sie jeder Richter hätte sitzen lassen. Im bayerischen Biere
darf nach dem bisherigen Gesetze nichts anderes als Malz und Hopfen
enthalten sein. Kommt das Bier nach China oder Japan, so ist das
für den Richter gleichgültig. Damit haben Sie bereits ein Zugeständniss
gemacht und auf diesem Zugeständniss wage ich es, weiter zu
bauen. Ehe ich aber meine Vorschläge mache, möchte ich selbst alle
meine Gründe, aber dann auch die Einwendungen gegen dieselben, besprechen, die mir dieser Tage gemacht worden sind. Um sie einheit-
licher durchführen zu können, wollen wir folgende drei Abtheilungen
in's Auge fassen: das Publikum, die Producenten und den Fiscus. Zuerst
käme die Frage: inwiefern sich ein solches Zusatzmittel mit den Interessen des Publikums vereinbaren liesse. Die Frage der Gesundheitsschädlichkeit wird da gleich wieder in den Vordergrund gedrängt
werden; ich glaube aber, wir sollten sie heute ausser Acht lassen,
nicht weil sie für uns Nebensache ist; aber wir entscheiden hier rein
vom technischen Standpunkte aus und da möchte ich meine
Gründe in der Frage zusammenfassen: Was halten Sie Ihrerseits
für besser, dass der Consument ein Bier bekommt, das
sauer ist — oder dass er ein solches Bier trinkt, das mit
Salicylsäure versetzt worden ist und deshalb vor dem
Sauerwerden bewahrt geblieben ist? So weit es sich um das
Interesse des Publikums handelt, glaube ich also nicht, dass gegen die
Anwendung der Salicylsäure irgend ein ernsthafter Grund vorgebracht
werden kann. Ich glaube, dass die Anschauung, welcher man allerdings am häufigsten begegnet, dass der Consument mit dem von mir
ohnedem nur für die äussersten Nothfälle eingeschränkten Zusatze ir-
gendwie in seinen berechtigten Forderungen geschädigt werden könnte,
ernstlich nicht aufrecht erhalten werden kann. Ich höre zwar oft, der
Brauer verdient ohnedem genug, er soll halt sein Bier, wenn es wirklich sauer ist, laufen lassen. Meine Herren, das ist leichter gesagt als

gethan! Vor allem, wann ist das Bier so sauer, dass man es laufen lassen muss? Unsere Bauern können in der Richtung viel, die Städter wenig ertragen. Dann denken Sie, welch kolossaler Schaden würde entstehen! Wir würden auf dem Lande oft Monate lang gar kein Bier haben und dann schliesslich nur erreichen, dass die Grossbrauer die Mittelbrauer ganz unterdrückten, was sie ja ohnehin schon mit allen möglichen Mitteln versuchen. Wir können ja, um das Interesse des Publikums vollständig zu wahren, es dadurch thun, dass wir uns vielleicht zu einer Einschränkung entschliessen, indem wir den Satz aufnehmen, dass ein Bier, das mit Salicylsäure versetzt worden ist, nur als Salicylsäurebier verkauft werden darf. Da steht es in der Hand des Publikums, zu wählen; es wird dann über kurz oder lang die Zeit kommen, dass saures Bier und anderes, welches conservirt worden ist, nebeneinander verschänkt wird. Dann werden wir im Herbst schon sehen, dass Salicylsäurebier als ein conservirtes lieber getrunken werden wird und dass das Publikum sehr bald die Befürchtungen verlassen und dem besseren Bier sich zuwenden wird. Ich habe jetzt schon aus Kreisen von Laien gehört, ja wenn das so ist, wenn wir mit Salicylsäure wirklich über diese Gefahr hinwegkommen können, die uns allen droht, warum soll man denn Salicylsäure, die doch nicht gesundheitsschädlich ist, nicht erlauben?

Wir haben dann die viel einschneidendere Frage: Verlangt es das Interesse des Brauers, diesen Zusatz zu machen? Ich stelle hier den Satz auf: Ja, und zwar nicht blos für das Exportbier und die Grossbrauerei, sondern mindestens ebenso für die Kleinbrauer und namentlich die mittleren Brauer, die gezwungen sind, das Bier unter jeder Bedingung hinauszugeben, selbst wenn sie es selbst nicht für gerade gut halten. Was soll der Brauer auf dem Lande thun, wo das Bier vielleicht acht Tage herum liegt, bis es zum Verschank kommt? Die Wirthe zu zwingen, in kürzeren Pausen sich das Bier vom Brauer holen zu lassen, das wäre auch wieder ein frommer Wunsch, der sich schwer durchführen liesse. Ich habe bereits vorhin gesagt: Eine Concession mit der Salicylsäure haben Sie bereits vor zwei Jahren an die Grossbrauer für die Exportbiere gemacht. Dass die Herren Grossbrauer vielleicht heute uns sagen lassen, wir brauchen keine Salicylsäure für das einheimische Bier, finde ich erklärlich. Dieselben haben einen solchen Umsatz, dass ihr Bier in einem Zeitraum von 2—3 Monaten längst schon wieder verschwunden und getrunken sein wird. Unseren Klein- und Mittelbrauern dagegen fällt die Aufgabe zu, dass sie das Bier mit allen Hülfsmitteln 6 bis 7 Monate erhalten müssen. Diese haben noch dazu mit viel mehr Schwierigkeiten zu kämpfen als die Grossbrauer, die mit grossartigem Raffinement eingerichtet sind und sich auch einrichten können, was die Mittelbrauer nicht können. Ich behaupte geradezu: der Mittelbrauer ist heutzutage bei der Unkenntniss, in der er sich bei seinem geringen Bildungsgrade im Durchschnitt befindet, bei dem unrationellen Betrieb seines Geschäftes, das er oft in der rohesten Weise betreibt, gar nicht in der Lage, sich mit denjenigen Hülfsmitteln zu versehen, die dem Grossbrauer heute zugänglich sind mit seinem

Kapital. Der Mittelbrauer hat viel zu sehr zu kämpfen mit den Schulden seiner Wirthe. Allerdings trägt der Brauer nicht selten durch eine unnöthige Geschäftserweiterung und einen förmlichen Ankauf von Wirthen selbst einen Theil der Schuld. Aber wir können mit einem Schlage die schlimmen Verhältnisse mit Gewalt nicht aus der Welt schaffen. Und für die Nothfälle dieser Leute sollten wir, meiner Ansicht nach, eine Abhülfe durch das Gesetz schaffen. Das Bier des Grossbrauers, wird man sagen, das er expediren muss, das braucht nothwendig die Salicylsäure, er kann sonst nicht mehr concurriren mit den norddeutschen Brauereien, die thatsächlich einen immer grösseren Absatz finden und Salicylsäure verwenden dürfen; er kann nicht mehr concurriren mit den englischen Brauern u. s. w. Ich gebe das zu, aber ich behaupte, das Bier, das von den Mittelbrauern hinauskommt an die Wirthe, wird mindestens ebenso maltraitirt und ist ebenso schlimmen Verhältnissen ausgesetzt wie das Bier, das über den Aequator kommt; wenn es das Exportbier braucht, dann können auch die Biere bei uns recht wohl ein Conservirungsmittel benöthigen. Ein anderer Moment kommt noch dazu; für den Fall den Brauern die Salicylsäure nicht erlaubt wird — was dann? Glauben Sie, dass die Salicylsäurefrage verschwinden wird? Nein. Ein Brauer hat schlechte Kellerverhältnisse, er hat alles gethan seinerseits, aber das Bier ist rasch vergohren und er ist nicht im Stande, schon vorher einzuwirken. Er will sich das Bier erhalten, es ist noch gesund, aber er sieht, dass es schnell sauer wird, und er weiss, dass er es mit Salicylsäure trinkbar erhalten kann. Was glauben Sie nun, was er thun wird? Er denkt, es ist schliesslich nicht so schlimm und riskirt eine Strafe von vielleicht 500 Mk., sonst gehen ihm 10 000 Mk. für Bier verloren. Die Consequenz davon ist, ich will sie nicht als den Hauptgrund anführen, aber ich möchte es doch zu bedenken geben, dass die Conservirungsmittel gerade jetzt, wo die Brauer darauf aufmerksam gemacht worden sind und ihre Vortheile kennen gelernt haben, erst recht dazu greifen; verbieten wir die Salicylsäure, dann werden die Vernünftigen unter den Brauern sich nach andern Conservirungsmitteln umschauen, die gerade so wirken, welche aber noch den Vortheil für sie und den Nachtheil für uns haben, dass sie sich nicht in so minutiösen Quantitäten nachweisen lassen; wie zuvor wird dann die Sache unter der Decke fortgetrieben.

Nun kommt noch der dritte Punkt, das ist das Interesse des Fiscus. Da wird nun natürlich sofort entgegengehalten: erlauben wir überhaupt ein Conservirungsmittel, so leidet der Ruf des bayrischen Bieres. Meine Herren, wenn ich davon überzeugt wäre, würde ich mich wohl hüten, auch nur ein einziges Wort in der Richtung zu verlieren. Ich glaube, unser Bier hat den Ruf erhalten und sich die Welt erobert deshalb, weil man gewusst hat: in Bayern darf nur aus Malz und Hopfen als Rohmaterial Bier bereitet werden. Eine kellergerechte Behandlung schliesst man ja auch beim Wein nicht mehr aus; man hat beim Wein viel mehr Concessionen gemacht, als wie man es beim Bier thut; denn hier handelt es sich lediglich um Conservirung und zwar nicht des sauren Bieres vor weiterem

Verderben, sondern um Conservirung des guten Bieres. Ich kann mich der Befürchtung nicht anschliessen, dass, wenn wir die Salicylsäure für zulässig erklären, deshalb ein Rückgang in der Production eintreten werde. Wir werden nachher mit Couleur in der ähnlichen Lage sein. Wenn wir Couleur gestatten wollen, so sehe ich nicht ein, warum wir von der Salicylsäure allein einen Rückgang befürchten sollen. Ein Rückgang wird eintreten, aber nicht deshalb, weil wir die Salicylsäure erlauben oder uns als erlaubt vorstellen, sondern er wird eintreten durch diese Behandlung der Brauerprocesse; das Ding zieht sich jetzt über ein Jahr hin und ich glaube, dass noch ein halbes Jahr darüber vergeht. Bei einzelnen Gerichten sind die Fälle in drei oder vier Parteien auseinandergezogen, es wird immer wieder im Auslande aufgewärmt werden und das wird schaden. Jetzt habe ich schon von verschiedenen Seiten gehört, dass man in Berlin, wo natürlich die Concurrenz dahinter steckt, diese Sache sehr wohl auszubeuten sucht. Ein Rückgang wird aber auch eintreten durch die Ueberproduction. Natürlich das Bier, das jetzt bereitet wird, das wird auch genossen werden, wir werden auch keine Ueberproduction etwa wie in der Eisenindustrie haben, aber ein enormes Kapital ist von den Brauern hineingesteckt, und dass dieses sich in so enorm kurzer Zeit wieder abbezahlen wird, das bezweifle ich. Dass die Norddeutschen — und dahin, meine Herren, geht der Hauptexport der Münchener und nicht über das Meer — sich noch lange den Import des bayerischen Bieres gefallen lassen werden, rein nur um ihre eigene aufblühende Brauindustrie zu schädigen, das glauben Sie selber nicht. Wohin soll dann das Münchener Bier sich ergiessen, wenn über Nacht dort eine Steuer decretirt wird? Das Bier wird dann im Lande bleiben, man wird und muss es zu Spottpreisen, die nur die Grossbrauerei aushalten kann, bei uns verschleudern — und die Mittelbrauer werden dann unfehlbar zu Grunde gehen müssen.

Ich muss nun noch einen Einwand besprechen, der gemacht werden kann, nämlich: wenn die Salicylsäure von der Staatsregierung oder vom Gesetz erlaubt wird, ist nicht die Gefahr nahe, dass dann die Brauer gleichsam in der Salicylsäure ein Mittel vor sich zu haben glauben, um ihr Bier recht schlecht einsieden zu können? eine Prämie auf eine recht nachlässige Behandlung? dass sie ihr Geschäft wo möglich noch roher und unreinlicher betreiben, als sie es thatsächlich betreiben? Das glaube ich, ich knüpfe ja sehr schwere Bedingungen an die Erlaubniss, wird nicht eintreten; die Brauer werden das Bier einsieden in der Stärke, wie sie es bisher eingesotten haben, denn jeder Brauer würde sehr üble Erfahrungen im selben Jahr noch haben, er würde sehen, dass die Salicylsäure durchaus nicht ein Rettungsanker für alles ist, wie das alles in der Reclame geschildert wird; so sehr wirksam ist die Salicylsäure überhaupt nicht, namentlich wenn wir jene geringe Grenze festhalten, die ich als Maximaldosis bezeichnen möchte. Andere werden vielleicht sagen, es kann damit Hopfen erspart werden, die Brauer werden das Bier nicht mehr so stark hopfen. Kurzum, schliesslich riskire ich zum Dank dafür, dass ich mich aus Interesse für die Sache mit meinen Anträgen der allseitigen Kritik gegenüber in's Kreuzfeuer gestellt habe, noch gar, dass ich als Fürsprecher eines Hopfensurrogates bezeichnet werde.

Ich habe schon viel ertragen und bin auch bereit dies zu tragen, nur möchte ich diese Gelegenheit benutzen, um mich darüber auszulassen, was denn uns die Erscheinung erklärt, dass das Münchener Bier jetzt in unserem eigenen Land die Concurrenz mit dem Land- und Stadtbier so glücklich bestanden hat. Sie alle trinken tagtäglich Münchener Bier aus dem Grunde, weil es süffiger ist als unser heimisches Bier und weil es uns besser bekommt, und warum ist dies alles der Fall? Es dürfte der Hauptgrund hierfür wohl der sein, dass unsere Brauer draussen gezwungen sind, von ihrem häufig schlechten Hopfen in grossen Quantitäten zu verwenden, weil die Kleinbrauer ein viel grösseres Interesse haben für die Conservirung zu sorgen als wie die Grossbrauer, welche einen grossen Umsatz und sehr kurze Lagerzeit haben. Darum ist der Unterschied von Lagerbier und Schankbier jetzt in München vollständig verschwunden, während derselbe bei unseren Landbrauern noch vorhanden ist. Diese Brauer sind gezwungen, sehr bedeutende Quantitäten Hopfen zuzugeben. Es ist in neuerer Zeit die Behauptung aufgestellt worden, man brauche blos eine bestimmte Quantität Hopfen, um eine conservirende Wirkung zu erzielen; was darüber hinaus gehe, sei von Ueberfluss. Aber das bringen wir heute noch nicht aus den Brauern heraus, sie wissen sich nicht anders zu helfen, als dass sie das Bier sehr stark hopfen. Was aber diese grossen Hopfendosen, die entschieden ein Gift zu nennen sind, zu bedeuten haben, das können Sie sich vielleicht am besten vergegenwärtigen, wenn Sie sich in jene guten alten Zeiten zurückversetzen, wo man das Bier nur aus Gerste mit Hilfe eines Weiden- oder Eichenrindenabsudes hergestellt und sich daran toll und voll getrunken hat. Wenn nun dies heute noch der Fall wäre, und es käme Einer auf die Idee, Hopfen zu verwenden und er käme heute zu uns herein und sagte: »Ich habe ein wirksames Conservirungsmittel gefunden, das dem Bier einen besseren Geschmack giebt: nehmt Hopfen!« meine Herren! den höchsten Galgen würde man aussuchen und ihn daran hängen; da ist Salicylsäure ein Kinderspiel dagegen.

Ich würde es also für vortheilhaft erachten, wenn die Landbrauer nicht mehr so enorme Quantitäten Hopfen zusetzen würden, mit dem sie sich ihr Bier verderben. Es kommt allerdings noch eine Reihe von technischen Umständen hinzu, die beitragen würden, den Brauern, wenn sie ihnen bekannt wären, ihr Bier resp. ihren Betrieb zu verbessern. Aber in diesem starken Hopfenzusatz erblicke ich den Hauptgrund, warum uns das Münchener Bier, das weniger Hopfen enthält, besser bekommt und süffiger erscheint.

Meine Herren! Ich weiss noch einen Grund, warum Sie sich schwer entschliessen, die Salicylsäure zu erlauben. Man sagt, es habe immer etwas Fatales, an einem Gesetze zu rütteln — und das solle man versperren so lange es nur geht. Sehen Sie, meine Herren, der Zeitpunkt, wo es eben nicht mehr geht, ist nunmehr da. Am Rütteln kommen wir nicht mehr vorbei. Die Salicylfrage ist brennend — Couleur soll unter allen Umständen erlaubt werden und bei der Weissbierfabri-

cation muss unbedingt eine Aenderung kommen. Was will man denn
in Zukunft bei der Weissbierfabrication thun? Da hat sich zur Evidenz herausgestellt, die Leute müssen Rohrzucker haben. Jetzt hilft
man sich dadurch, dass man dies todtschweigt. Man weiss jetzt recht
wohl: alle Weissbierfabriken geben Rohrzucker zu, aber es wagt Niemand mehr, mit dem Finger an diese Angelegenheit zu rühren. Ich
wage es jetzt schon auszusprechen, dass der Rohrzucker als Conservirungsmittel für das Weissbier unter allen Umständen erlaubt werden
muss. Ich betrachte den Rohrzucker als nichts anderes als Conservirungsmittel und wenn Sie die weiteren Consequenzen verfolgen, so ist
er es ja auch.

Ich will Sie nun nicht mehr weiter ermüden, ich will mich
nur noch darauf beschränken, Ihnen meine Vorschläge vorzulesen. Sie
werden daraus ersehen, dass ich der Verwendung von Salicylsäure im
Allgemeinen durchaus keine Zugeständnisse mache, ihr vielmehr alle
möglichen Beschränkungen auferlege, sie nur für den äussersten Nothfall erlaubt haben möchte, weil ich überzeugt bin, dass, wenn wir dem
Brauer darüber nicht weghelfen, er sich selbst helfen wird und vielleicht in einer Weise, die uns Chemikern unangenehm werden wird.
Der erste Satz nun lautet:

»Conservirungsmittel sind für den Kleinbetrieb, namentlich aber für den mittleren Brauer ebenso nothwendig,
wie für den Export des Grossbrauers. Ich glaube, dass der
Satz genügen wird und keines weiteren Commentars bedarf. »Das
natürlichste Conservirungsmittel des Bieres ist flüssige
Kohlensäure.« »So lange aber die Kleingeschäfte für die
Verwendung der flüssigen Kohlensäure nicht eingerichtet
sind, empfiehlt sich ausser dem Pasteurisiren die Salicylsäure für Braunbier und Rohrzucker als Zusatz beim Abziehen des Weissbieres.« »Der Zusatz der Salicylsäure darf
aber nie anders als in das Lagerfass erfolgen und nur solange das Bier noch unverdorben ist. Derselbe darf nie
vom Brauer selbst, sondern nur vom Aufschlagbeamten
selbst ausgeführt werden. Maximaldosis sei 5 gr pro Hektoliter. Die Erlaubniss zur Verwendung der Salicylsäure
muss der Brauer vom zuständigen Hauptzollamt erhalten.
Diese soll gewährt werden bei notorisch schlechten Kellerverhältnissen, bei drohendem Eismangel und bei zu rascher
Vergährung. In zweifelhaften Fällen ist dem Brauer die
Zuziehung eines Sachverständigen zu gestatten.« Ein weiteres Erschwerungsmittel der Verwendung von Salicylsäure schlage ich
in dem Satze vor: »Salicylirtes Bier muss in Bayern als salicylirtes Bier vom Brauer und vom Wirthe verkauft werden.«

Nun kommen wir zu den **Färbemitteln,** betreffs welcher ich
folgende Sätze aufstelle: »Im Principe soll daran festgehalten
werden, dass beim Würzekochen nur Farbemalz zum Färben
verwendet wird. Erweist sich trotzdem später die Sud als
zu hell, so kann Farbbier oder Couleur dem fertigen Bier
zugesetzt werden. Die Couleur hat der Staat gegen eine

Steuer zu liefern. Dieselbe darr nur aus Rohrzucker hergestellt werden.« Bei uns ist das Publikum an eine bestimmte
Farbe gewöhnt und wer von Ihnen den Brauereibetrieb etwas näher
kennt, der wird wissen, dass es oft die räthselhafte Erscheinung giebt,
dass ein Bier, das als Würze noch die richtige Farbe hatte, wenn
es zum Abzapfen kommt, heller geworden ist: es hat Farbe verloren.
Was wollen Sie nun thun. Ohne Farbe findet das Bier nicht den
durch seine sonstige Qualität verdienten Absatz. Mit Farbmalz lässt
es sich nicht mehr nachfärben und mit Couleur — darf man bislang
nicht, obwohl diese ausser dem bei uns noch völlig unbekannten Farbbier dasselbe anstrebt, wie das erlaubte Farbmalz und das angestrebte
Ziel unter Umständen besser erreicht als dieses.

Ueberhaupt möchte ich hier in erster Linie den Satz aussprechen,
dass man der Couleurfrage am leichtesten gerecht wird, wenn man die
Geschichte des Farbmalzes daneben stellt.

Vor allem sage ich: Farbmalz ist alles eher als wie Malz, und
man hat damals dem Landtag einen Bären aufgebunden mit der Erklärung: das Farbmalz verdanke seine Färbekraft nur gebrannten
Eiweissstoffen; das sei ja noch Malz. Nach dem Ausspruch des
Cassationshofes und nach unserer heutigen Kenntniss des Farbmalzes
müssen wir sagen: es entspricht nicht den Anforderungen, die der
Cassationshof seiner Zeit aufgestellt hat. Er hat gesagt, jeder bei der
Bierbereitung verwendete Stoff darf nur Malz und Hopfen sein und
müsse noch dazu in seinem vollen organischen Gehalte ver-
wendet werden. Dass dies beim Farbmalz der Fall ist, wird heute
Niemand mehr behaupten.

Farbmalz würde heute denselben, wenn nicht noch schwierigeren
Bedenken begegnen. Es wird Farbmalz an die Brauer verkauft, nicht
etwa dargestellt aus Malz, sondern dargestellt aus Gerste und zwar
oft aus der schlechtesten, aus verschimmeltem oder verstocktem Zeug
und dies wird von Malzfabriken an die Brauer geliefert; wenn die
Brauer es selbst machen, dann geht es noch schlechter und was man
da erhält, ist unglaublich. Sie rösten das Malz wie einen Kaffee,
verbrennen das ganze Material oft so total, dass das Bier einen ganz
rauhen Geschmack bekommt. Wenn nicht unser altes Herkommen
wäre, dass man sich in Bayern bei der Bierbereitung mit Malz und
Hopfen begnügen müsse, so würde ich ganz ruhig vorschlagen, die
Couleur statt des Farbmalzes bei der Bierbereitung zu gebrauchen,
wenigstens hat die Couleur gewisse Lichtseiten gegenüber dem Farbmalz. Jedenfalls aber sollten wir einer gut bereiteten Couleur aus
Rohrzucker für die Zukunft die Erlaubniss zu ihrer Verwendung er-
wirken. Allenfallsige Einwände verspare ich mir auf die Debatte.

Nun komme ich noch zu den **Klärmitteln** und stelle Folgendes
auf; »Zum Klären der Würze und des Bieres dürfen zur Anwendung kommen: 1. Filtrirapparate, 2. gut ausgesottene
Haselnuss- oder Buchenspäne, 3. Hausenblase, Raja clavata und gute Gelatine, 4. Aufkräusen sowohl zur Klärung
als zur Wiederbelebung alter, aber unverdorbener Biere.«
Ich habe daran den Zusatz zu machen: »Es empfiehlt sich, die

Klärmittel selbst zu lösen.« Ich kenne zwar die Schwierigkeiten, die wir auch in dieser Richtung zu bekämpfen haben. Die Brauer sind nämlich nicht alle im Stande, die Klärmittel richtig zu bereiten und ich habe es selbst als eine Wohlthat seinerzeit begrüsst, dass die Klärmittel schon im gelösten Zustande zu haben sind. Es sind mir aber unterdessen Klärmittel vorgekommen, die mich durch ihre verdorbene Beschaffenheit wieder völlig stutzig gemacht haben; ausserdem sind dieselben nicht selten in einer Weise zubereitet und haben ein Aussehen gehabt, dass ich mir grosse Bedenken gemacht habe, ob sie wirklich von den Rohmaterialien herstammen, die dazu verwendet werden sollten. Dann kommt noch etwas anderes dazu: Es kommen jetzt gelöste Klärmittel in den Handel, die mit Salicylsäure versetzt sind und das würde nun ein sehr bequemes Hinterthürchen sein für den Brauer, die Salicylsäure mit Hülfe eines Klärmittels in's Bier hineinzuschmuggeln; deshalb möchte ich diesen Zusatz eigens aufgenommen haben. Nun kommt noch die Frage über den Verschank des Bieres.

Vorsitzender: Wenn ich hier unterbrechen darf. Dürfte es sich nicht empfehlen, hier abzubrechen, damit wir schon jetzt unsere wichtigsten Fragen zur Debatte bringen.

Vogel: Ja!

Vorsitzender: Meine Herren! Nachdem wir eine Uebersicht über die hervorragendsten Punkte unserer heutigen Tagesordnung zur Besprechung bekommen haben, so halte ich es jetzt für zweckmässig, direct in die Debatte einzutreten. Ich möchte Ihnen empfehlen, in erster Linie Stellung zu nehmen zur Definition des Begriffes: Bier, 2. zu unseren Reinigungsmitteln, 3. der Salicylsäurefrage, um sie so zu bezeichnen; dann wollen wir übergehen zu den Färbemitteln und zuletzt den Klärungsmitteln, demnach die Reihenfolge wählen, welche der Herr Referent uns in seiner Ausführung gegeben hat. Ich gedenke demnach zunächst überzugehen zur ersten Frage, betreffs der Definition des Bieres und direct zum Ausspruch aufzufordern, ob es überhaupt die Herren für nöthig halten, dass wir eine solche Definition geben. Dass wir wiederholt eine solche Definition gaben, die allerdings in unseren Gesetzen wie in unseren Vereinbarungen nicht ganz präcis gefasst ist, ist Thatsache. In unseren Vereinbarungen steht nämlich: »Unter Bier ist ein gegohrenes und in Gährung befindliches Getränke zu verstehen, welches aus Gersten- (oder Weizen-) Malz, Hopfen und Wasser bereitet und das durch Hefe in Gährung versetzt worden ist.« Bei der Wichtigkeit unserer Debatte darf ich wohl zunächst in erster Linie die Herren Sachverständigen bitten, sich zu äussern. Wenn ich von Sachverständigen spreche, so meine ich jene Herren, die wir auch heute in unserem Kreise sehen, welche mehr Fühlung mit der Praxis haben als wir, die wir uns ja mehr mit den wissenschaftlich technischen Fragen zu beschäftigen haben. Ich habe in dieser Richtung unseren verehrten Herrn Director Aubry und Herrn Collegen Holzner ganz besonders im Auge, deren Standpunkt ich in erster Linie kennen lernen möchte.

Vogel-Memmingen: Soll ich den § 1 vielleicht noch einmal verlesen?

Vorsitzender: Wenn ich bitten darf, ja.

Vogel-Memmingen: Bier darf in Bayern nach Herkommen und Gebrauch auch ferner nur aus Wasser, Hopfen und Malz aus Gerste (Braunbier) beziehungsweise Gerste und Weizen (Weissbier) [also auch Farbmalz] mit Hülfe von Hefe bereitet werden.

Aubry-München: Ich habe hier nur einzuwenden, dass wir nicht sagen können: »mit Hülfe von Hefe gebraut werden.« Ich halte den Satz in unseren Vereinbarungen für besser und auch richtiger. Wir könnten ja noch Farbmalz nach dem Worte Gersten- (oder Weizen-) Malz einsetzen; dann wäre hier also der Text: »welches aus Gersten- (oder Weizen-) Malz (Farbmalz), Hopfen und Wasser bereitet u. s. w.«

Vogel-Memmingen: Ich habe ums Wort gebeten, um Ihnen zu sagen: Ich habe diese Definition deshalb nicht aufgenommen, weil sie vom fertigen Biere spricht, von dem in einem Gesetz nicht gesprochen werden darf. Ich möchte eine Definition für die Bereitung des Bieres vorschlagen, sonst bin ich vollständig einverstanden mit dem, was Herr Director Aubry gesagt hat. Die Definition in den Vereinbarungen nimmt den fertigen Begriff Bier an.

Aubry-München: Das kann man ja nachsetzen, nur eine Umstellung des Wortlautes ist zu machen: »Unter Bier ist ein Getränk zu verstehen, das aus Gersten- (oder Weizen-) Malz (Farbmalz), Hopfen und Wasser bereitet und durch Hefe in Gährung versetzt worden ist.

Vogel-Memmingen: Ich sehe keinen Grund ein, warum Ihnen »mit Hilfe von Hefe« nicht passt. Schlagen Sie mir eine andere Aenderung vor. Ich meine eben doch, es wäre eher der Wortlaut, der von der gesetzgebenden Seite in der vorliegenden Form verwendet worden ist. Mir ist ja sonst die Definition gleichgiltig.

Aubry-München: Es handelt sich blos um die Einschaltung von Farbmalz.

Vogel-Memmingen: Farbmalz muss hinein, das ist auch von mir vorgeschlagen; ich möchte aber dabei stehen bleiben, dass zunächst über die Form abgestimmt wird, weil ich meine, es eignet sich dies mehr für die Besprechung in unserer Versammlung, wenn wir gleichzeitig für den zukünftigen Gesetzgeber gleichsam über einen § 7 des Malzaufschlaggesetzes einen Vorschlag machen. Sonst habe ich nichts einzuwenden.

Holzner-Weihenstephan: Meine Herren! Ich glaube, wir verlieren uns zu sehr ins Detail; wenn wir näher eingehen auf diese Bierdefinition, werden wir heute nicht fertig. Ich erwähne nur den Begriff Wasser. Es handelt sich darum, welches Wasser eben verwendet werden darf. Sie werden sagen: das versteht sich von selbst, es ist natürliches Wasser. Damit sind wir schon an einem Punkte lebhafter Diskussion angelangt: es ist nämlich nicht selbstverständlich, sondern das Wasser muss sehr häufig geklärt werden und zwar mit verschiedenen Zusätzen. Ich glaube, es wird für heute hinreichen, wenn wir nur darüber gesprochen haben.

Vorsitzender: Es ist dies auch mein Standpunkt, wir haben ja in keiner Weise ein Gesetz zu machen. Es soll von uns nur eine Resolution festgestellt werden, mit der wir uns in heutiger Versammlung direct zu beschäftigen haben. — Zunächst also handelt es sich um die Zulässigkeit oder Nichtzulässigkeit der einzelnen Definitionen, die uns eben den Begriff Bier feststellen. Es ist im Grossen und Ganzen nicht besonders werthvoll, ob Sie sagen: es wird bereitet aus oder das Bier ist das und jenes. Im Wesen sind wir einig. Es wird sich demnach nur darum handeln, darüber abzustimmen, ob wir die Fassung des Herrn Referenten Vogel annehmen wollen, oder ob wir bei unserer ursprünglichen Fassung bleiben, mit dem Zusatz »Farbmalz«. Ich kann also aus diesem Grunde diesen Gegenstand direct zur Abstimmung bringen. Jene Herren, welche die Fassung, wie sie uns der Herr Referent Dr. Vogel vorgeschlagen hat, als erste Resolution gewissermassen festgestellt haben wollen, wollen sich von ihren Sitzen erheben. (Geschieht.) Wir wenden uns also dann zum zweiten Punkt, den Reinigungsmitteln, beziehungsweise zum doppeltschwefligsauren Kalk. Ich bitte den Herrn Referenten, uns die betreffenden Vorschläge nochmals mitzutheilen, damit wir auch sofort in die Diskussion darüber eintreten können.

Vogel-Memmingen: »Zum Zwecke der Reinigung und Reinerhaltung der Braugeräthe aller Art, der Flaschenspunde« — ich detaillire mit Absicht — ferner Bestreichen der Wände und Böden in der Tenne und in den Kellern, sowie beim Weichen der Gerste kann, wenn Wasser allein beziehungsweise Kalk oder Kalk mit Soda nicht genügen sollte, der sogenannte doppeltschwefligsaure Kalk angewendet werden.« Ich habe hier das Wort »sogenannt« eingeschlossen, da sich ja nach neuerer Forschung ergeben hat, dass die Bezeichnung: doppeltschwefligsaurer Kalk nicht ganz richtig ist.

»Salicylsäure ist für diesen Zweck auszuschliessen. Der jeweiligen Verwendung hat stets ein gründliches Nachwaschen mit Wasser zu folgen. Nach dem vorletzten Weichwasser darf der Zusatz nicht mehr stattfinden noch viel weniger zur keimenden Gerste auf der Tenne.«

Vorsitzender: Ich stelle diesen Gegenstand zur Diskussion und ertheile zunächst das Wort dem Herrn Collegen Holzner.

Holzner-Weihenstephan: Zunächst vermisse ich bei dieser Aufzählung das Waschen der Späne. Das Waschen der schon benutzten Späne entweder durch Zusatz von Salicylsäure oder von doppeltschwefligsaurem Kalk ist aber ausserordentlich wichtig, weil gerade an den Spänen sich grosse Mengen von Unreinlichkeiten ansetzen und zwar solche, die man mechanisch nicht wegbringen, nicht wegwaschen kann. Sind sie gehobelt, so biegen sich, wenn sie grösser sind, die Jahrringe auseinander und zwischen hinein setzen sich die Verunreinigungen. Man benöthigt der Reinigungsmittel kaum mehr zu irgend einem andern Zwecke als zu diesem. — Es ist vielleicht Niemand unter Ihnen, der in seiner Stellung so verschiedene Beurtheilung erfahren hat, wie ich. Ratzinger hat mich den Fälschungsanwalt genannt, Michel dagegen behauptet, das bayerische Malzaufschlagsgesetz sei für mich ein Evangelium. Meinetwegen haben beide Recht. Ich möchte nämlich das bayerische Malzaufschlagsgesetz intact wissen und völlig unberührt lassen, soweit es Finanzgesetz ist; aber ich halte es nicht für gut, dass es durch die im Landtage geführten Verhandlungen vom Jahre 1861 auch Polizeigesetz geworden ist; ich wünschte, in so weit dies eben geschehen kann, dass eine Trennung hier eintreten möchte. Da ich nun den bayerischen Aufschlag als Finanzgesetz vollständig intact wissen will, so bin ich nicht ganz mit dem einverstanden, was Herr College Vogel vorgeschlagen hat. Es würde damit in den Verwaltungsapparat etwas Neues hineingebracht werden, dessen Tragweite wir noch nicht zu übersehen vermögen. Bis jetzt ist die Finanzbehörde nicht bemüssigt gewesen, in den inneren Betrieb sich einzudrängen. Daher sind bei uns die Verwaltungskosten der Aufschlagsbehörde verhältnismässig ausserordentlich gering, wenn ich recht unterrichtet bin, kaum $1\frac{1}{2}$ Millionen. Wenn man die Anwendung des doppeltschwefligsauren Kalkes gestatten will, wie. Vogel vorschlägt, so muss der Beamte beständig in den Brauereien anwesend sein. Wir brauchen dann mindestens das dreifache Personal; der Staat dagegen hat ein grosses Interesse daran, dass er von seinem Standpunkt aus möglichst billig zu recht kommt und dass nicht 5 Millionen nöthig sind, wo wir jetzt mit $1\frac{1}{2}$ Millionen ausreichen. Wenn der doppeltschwefligsaure Kalk gestattet wird und insofern, dass er gestattet werden muss, bin ich einverstanden, soll er pure gestattet werden, so dass das Aufschlaggesetz nicht berührt wird. Findet sich über das Mass hinaus, welches Herr College Vogel angenommen hat, schweflige Säure im Bier, so wird der Brauer im Betretungsfalle einfach gestraft.

Vogel-Memmingen: Meine Resolution hat folgenden Zusatz: »Bei der Untersuchung des Bieres zum Zwecke der Controlle über eine unerlaubte Verwendungsform des doppeltschwefligsauren Kalks dürfen aus dem Destillate von 200 ccm Bier nicht mehr als 10 mgr $BaSO_4$ (Baryumsulfat) erhalten werden.« Was Herr Professor Holzner über das Hereinziehen der Zollbehörde angeführt hat, hat sehr viel für sich. Es wäre eine Belästigung für die Aufsichtsbehörde, wie umgekehrt auch für die Brauer. Ich habe das auch nicht vorgeschlagen; da ist mein Vorschlag falsch verstanden worden. Sie haben nur Anzeige zu erstatten, wenn sie begonnen haben mit dem Reinigen. Im Uebrigen ist das nur en passant erwähnt worden, ob die Zollbehörde da vielleicht, um sich zu reserviren, eine gewisse Bestimmung erlassen will. Meine Vorschläge, die der Berathung unterstellt werden, sprechen von einer Hereinziehung der Zollbehörde beim doppeltschwefligsauren Kalk gar nicht.

4*

Aubry-München: Ich schliesse mich unter einer Modification dem Antrag von Herrn Dr. Vogel an. Es heisst in dem Antrage »zum Weichen der Gerste«. Meine Herren! Wir sanctioniren da etwas, was wir dem Brauer gegenüber nicht verantworten können. Wenn Sie sagen, doppeltschwefligsaurer Kalk sei gestattet »zum Waschen der Gerste«, so stimme ich gerne bei, aber zum Weichen der Gerste, nein! Wenn dies der Brauer offen gestattet erhält, so schädigt er sich unter Umständen selbst, nämlich, es kann so weit führen, dass er die Keimkraft der Gerste mit dem doppeltschwefligsauren Kalk schädigt. Also ich bitte den Antrag dahin zu modificiren »zum Waschen der Gerste« und dann brauchen wir auch diese Clausel, dass dann beim vorletzten Weichen kein Zusatz erfolgen darf, gar nicht, und wir können dieselbe dann weg lassen. »Zum Waschen der Gerste« ist es einfach gestattet.

Vogel-Memmingen: Ich bin vollständig einverstanden, in die Resolution »Waschen« einzusetzen, dagegen nicht damit einverstanden, das andere weg zu lassen, weil unsere Brauer von der Salicylsäure her wissen, dass sie ihnen empfohlen worden ist sowohl beim Weichprocess als wie später auf der Tenne; und das muss ausdrücklich verboten werden. Bei der Salicylsäure ist es ja ganz gleichgiltig, wie der Versuch des Herrn Professor Holzner ergeben hat, ob wir sie auf der Tenne beigeben oder ob wir sie erst zum Waschen geben. Sie ist in beiden Fällen nachher nicht mehr darin, aber beim doppeltschwefligsauren Kalk ist das nicht der Fall. Es muss ausgesprochen sein, dass er auf der Tenne nicht mehr verwendet werden darf. Mit dem Zusatz, die Späne betreffend, bin ich vollkommen einverstanden. Es sind auch die Schläuche hier hereingezogen worden; wir haben eigens deswegen »Braugeräthe aller Art« gesagt und von dem andern nur für nöthig erachtet »Flaschenspunde« zu erwähnen.

Holzner-Weihenstephan: Ich würde die Resolution ganz kurz so fassen: Zum Reinigen darf doppeltschwefligsaurer Kalk verwendet werden.

Vogel-Memmingen: Da kommen wir sofort wieder mit dem Richter in Collision. Es wird das dem Richter in sehr vielen Fällen schwer klar zu machen sein. (Heiterkeit.) Ja, meine Herren! ich muss aufrichtig gestehen, ich habe Erfahrungen gemacht, die ich gar nicht hier mittheilen will; ich will nicht angeben, mit welchen Schwierigkeiten man da zu kämpfen hat. Davon wird jeder der Herren ein Lied singen können, der Gelegenheit gehabt hat, als Sachverständiger zu fungiren.

Vorsitzender: Ich möchte darauf aufmerksam machen, dass mir die Sache nicht so kritisch erscheint, weil der Richter ja in der That immer doch den Sachverständigen zur Seite hat und jederzeit in der Lage ist, sich orientiren zu lassen.

Vogel-Memmingen: Die Orientirung erfolgt erst dann, wenn die Voruntersuchung stattgefunden hat, wenn der Richter eingegriffen hat, wenn dem Brauer so und so viel Schaden entstanden ist. Ich sehe nicht ein, warum wir von unserer Seite in der Beziehung nicht alles, was mit doppeltschwefligsaurem Kalk behandelt werden soll, aufführen, um uns nicht den Vorwurf machen zu lassen, dass wir etwas übersehen haben.

Halenke-Speyer: Ich bin der Ansicht, dass die Sache viel kürzer gefasst werden könnte. Wir können uns nicht darauf einlassen, dass bestimmt wird, der Aufschlagbeamte habe bei jeder Reinigung den doppeltschwefligsauren Kalk herzugeben, das gehört zum internen Betrieb; das muss dem Brauer überlassen werden, wie er den doppeltschwefligsauren Kalk verwendet. Wir haben eine gewisse Garantie dadurch, dass wir sagen: aus dem fertigen Bier darf nicht mehr als 10 mgr schwefelsaurer Baryt erhalten werden. Auf welche Weise der Brauer den doppeltschwefligsauren Kalk verwendet, das ist uns gleichgültig, ist er nun zur Reinigung der Gefässe oder zur Vorbereitung gewisser Rohmaterialien oder wie immer; ausgeschlossen ist die Verwendung zum Zweck der Conservirung, also der Zusatz zum fertigen Bier selbst; im Uebrigen aber sollte man die Art der Verwendung dem Brauer überlassen, wie gesagt, die Hauptsache ist, dass das Bier nicht mehr als 10 mgr Baryumsulfat liefert. Nach dieser Abfassung haben wir einen vollständig sicheren Standpunkt.

Vogel-Memmingen: Es wäre mir interessant, die Herren zu hören, welche in dieser Frage vor Gericht zu thun gehabt haben; ich möchte hören, ob sie nicht auch glauben, dass dieser Zusatz nothwendig sei. In der Vorbesprechung haben wir uns ausdrücklich geeinigt und sind persönlich dafür eingestanden, dass alles im Detail aufgezählt werde. Ich möchte darüber noch vom Herrn Professor Medicus Näheres hören.

Medicus-Würzburg: Ich kann dem Herrn Referenten nicht zustimmen. Ich glaube, dass es genügt, wenn der festgesetzte Maximalgehalt nicht überschritten ist und darin haben wir doch eine genügende Handhabe.

Vogel-Memmingen: Im Princip wird ja gar nichts geändert.

Vorsitzender: Meine Herren! Wenn ich mir erlauben darf, in die Debatte einzugreifen, so möchte ich vorschlagen, dass diejenigen Herren, die den Vorschlag machten, diesen Satz speciell wegen der Reinigung kürzer zu fassen, vielleicht die Güte haben, ihren Vorschlag zu formuliren. Ich bitte also die Herren Holzner, Aubry und Halenke, einen Antrag einzubringen, damit ich ihren Vorschlag und den weitergehenden von Herrn Collegen Vogel direct zur Abstimmung bringen kann.

Vogel-Memmingen: Ich möchte nur darauf aufmerksam machen, dass wir hier durchaus nicht ein Gesetz zu berathen haben, dass wir nicht die Beschäftigung haben, Gesetzesparagraphen festzustellen, sondern ich habe diese detailirte Fassung angenommen, weil ich jedes Missverständniss ausgeschlossen wissen wollte, damit von vornherein klar steht, was hier überhaupt in den Begriff: Reinigung hereinfällt. Die Richter und wir sind ja nicht alle Sachverständige; aus diesem

Grunde habe ich das befürwortet. Ich bin aber im Princip auch mit denen einverstanden, die die Sache schlechtweg als Reinigung auffassen wollen.

Vorsitzender: Ich glaube, auch der Herr Referent kann sich damit einverstanden erklären, wenn die Sache im Princip angenommen wird. Wir wissen, um was es sich handelt; wir haben nur Resolutionen festzustellen, wir haben, das ist unsere Aufgabe, technische Grundlagen zu bearbeiten, welche einer allenfallsigen zukünftigen Gesetzgebung in der bayrischen Kammer zu Grunde gelegt werden können, wir wollen aber, dass alle Fragen, die juristischer Art sind, wegfallen. Ueber solche können wir nicht berathen, wir müssen es der Staatsregierung überlassen, ob auf Grund unserer technischen Grundlagen überhaupt ein Gesetz bearbeitet werden kann. Wir können ferner unsere Anschauung aussprechen über die Art und Weise, wie wir uns die Sache denken. Ich bitte zunächst also, vor Augen zu behalten, dass wir nur gewissermassen die technische Grundlage, wie wir sie durch Erfahrung und Praxis festgestellt haben, hier in Form von Resolutionen wiedergeben wollen. Ich will nun zuerst den Antrag Vogel zur Abstimmung bringen, mittlerweile werden die anderen Herren ihren Antrag formulirt haben.

Vogel-Memmingen: Darf ich mir noch erlauben, vielleicht einen Vermittlungsvorschlag zu machen? Unsere Resolutionen müssen doch motivirt dem Staatsministerium vorgelegt werden, dabei kann dann ins Detail eingegangen werden. Ich meine, dass die Richter froh sind, wenn ihnen Schritt für Schritt angegeben wird, was erlaubt ist und was nicht, denn sonst sind wir über kurz oder lang schon wieder im Unklaren. Darum wäre ich primär dafür, dass das Ganze darin bleibt: doppeltschwefligsaurer Kalk darf verwendet werden — etc. etc. Jetzt handelt es sich also blos um die Fassung. Ich bin also primär auf Grund der Erfahrungen, die ich in Richterkreisen gemacht habe, der Ansicht, dass, wenn etwas geändert wird, dann soll es genau detailirt werden, damit wir genau wissen, wie wir daran sind.

Halenke-Speyer: Wir haben unsern Antrag so formulirt: **Zum Zwecke der Reinigung darf doppeltschwefligsaurer Kalk verwendet werden.**

Vogel-Memmingen: Dann hat der Richter sofort wieder einen Anstand, dann kommen sofort wieder Bedenken.

Halenke-Speyer: Er darf nur wissen, was unter Reinigen zu verstehen ist.

Vogel-Memmingen: Das wissen wir, aber der Richter nicht.

Aubry-München: Ich habe nur den Wunsch, dass der doppeltschwefligsaure Kalk, zum Weichen der Gerste verwendet, in Wegfall kommt.

Kellermann-Wunsiedel: Wenn wir das weglassen, dann ist eine detailirte Darstellung ja viel besser, in kurzen Worten: je klarer und bündiger wir uns ausdrücken, desto besser wird der Richter wissen, wie er daran ist und deshalb, meine ich, lässt sich ein ernstlicher Grund dagegen gar nicht vorbringen.

Vogel-Memmingen: Ich lese nochmals die Resolution in folgender Fassung vor: »Zum Zwecke der Reinigung und Reinerhaltung der Braugeräthe aller Art, der Flaschen, Spunte, Späne, ferner das Bestreichen der Wände und Böden in der Tenne und in den Kellern, sowie beim Waschen der Gerste kann, wenn Wasser allein bezw. Kalk oder Kalk mit Soda nicht genügen sollte, der sogenannte doppeltschwefligsaure Kalk angewendet werden. Salicylsäure ist für diesen Zweck auszuschliessen.«

Halenke-Speyer: Ich möchte von vorneherein den Zusatz »wenn Wasser etc.» ausgeschlossen wissen.

Vogel-Memmingen: Das habe ich nur hineingenommen, weil ich den Brauern den doppeltschwefligsauren Kalk nicht empfehle. Sie sollen sich abgewöhnen, den doppeltschwefligsauren Kalk als Reinigungsmittel zu betrachten. Sie sollen eben einsehen, dass er von unserer Seite durchaus nicht etwa empfohlen wird, sondern sie sollen, wenn wirklich einer in den Fall kommt, ihn zu gebrauchen, das auch nur für eine Ausnahme halten.

Halenke-Speyer: Wir sind aber keine Lehrer für die Bierbrauer!

Vorsitzender: Wir kommen am schnellsten durch eine Abstimmung zum Ziele. Ich bitte zunächst den motivirten resp. verbesserten Vorschlag, wie er eben vorgelesen wurde, sich zu überlegen und ich will diesen zur Abstimmung bringen; sollte er nicht genehmigt werden, so werden wir eine zweite Resolution aufstellen können. Es handelt sich darum, ob wir uns der erweiterten Fassung anschliessen sollen, dass nämlich die Anwendung des doppeltschwefligsauren Kalkes empfohlen wird, dass das Weichen wegfällt und nur im Allgemeinen vom Waschen die Rede ist und dass auch die Späne in Berücksichtigung gezogen werden. — Mit 17 Stimmen gegen 12 wird die Fassung der Resolution des Herrn Referenten Vogel angenommen.

Vorsitzender: Wir kommen nun zu der Frage, die sich an die angenommene Resolution direct anschliesst, hinsichtlich der Grenzen der schwefligen Säure im Biere. Wir sind hier im Princip einig. Es ist kein Widerspruch erhoben worden gegen die Fixirung der angegebenen Grenzzahl, die basirt ist auf Erfahrungen, die von verschiedenen Sachverständigen gewonnen worden sind. Ich stelle diese Frage zur Diskussion und bitte die Herren, sich darüber zu äussern, ob Sie diesen Passus bezüglich der quantitativen Begrenzung der schwefligen Säure acceptiren und zwar in der Fassung des Herrn Referenten.

Aubry-München: Es handelt sich hier zunächst um eine in den Vereinbarungen getroffene Bestimmung, nämlich 100 ccm zur Untersuchung zu nehmen, während jetzt 200 ccm genommen werden sollen. Ich möchte diese Aenderung für überflüssig erklären. Es ist durch den Satz ausgesprochen worden, dass 100 ccm nicht genügend sind. Nach meinen Erfahrungen reichen aber 100 ccm vollständig aus. Ich bin allerdings durchaus nicht dagegen, dass man 200 ccm nimmt, ich halte aber aufrecht, dass eine absolute Nothwendigkeit hierfür, um richtigere Resultate zu erhalten, durchaus nicht existirt. Was ich in 200 ccm constatiren kann, kann ich ebenso gewiss in 100 ccm auch.

Vogel-Memmingen: Wir müssen bedenken, dass wir es nur mit Milligrammen zu thun haben, rechnen wir die Fehler, nehmen wir nur die Wägungsfehler, so wird kein Zweifel darüber bestehen, dass mindestens 200 ccm nothwendig sind. Herr Professor Dr. Hilger hat in unserer Vorbesprechung sogar von 500 ccm gesprochen.

Vorsitzender: Was diese Frage betrifft, besteht, so viel ich aus den Worten des Herrn Director Aubry entnehmen konnte, kein directer Widerspruch gegen den Vorschlag des Herrn Referenten. Es ist in der That eine ganze Reihe von Versuchen in meinem Laboratorium gemacht worden zu dem Zweck, auf Grund deren ich nur rathen kann, möglichst viel anzuwenden. Ich habe von 500 ccm absichtlich gesprochen, weil ich, wenn ich eine genauere Untersuchung machen will, grössere Mengen nehme, allerdings nur, falls sie zur Verfügung stehen. Ich möchte einer grösseren Menge das Wort reden, es spricht viel dafür, dass mindestens 200 ccm genommen werden.

Röse-Erlangen: Ich habe mich durch sehr viele Versuche überzeugt, dass die letzten Spuren von schwefliger Säure erst beim Abdestilliren von mindestens 200 ccm zu finden sind und zwar möchte ich einen Kohlensäurestrom angewendet wissen.

Kayser-Nürnberg: Die Unterschiede, die von den Herren Vorrednern gemacht worden sind betreffs der zu verwendenden Mengen, stehen in gar keinem Widerspruch mit den Bestimmungen der Vereinbarungen, wenn wir erwägen, dass es sich in ihnen nur um eine qualitative Prüfung, jetzt aber um eine quantitative Bestimmung handelt. Selbstverständlich fällt eine solche in höherem Grade zuverlässig aus bei 200 ccm.

Aubry-München: Ich wollte mich auch nur gegen den Vorwurf des Herrn Referenten verwahren. Er hat ausdrücklich ausgesprochen, dass es mit 100 ccm absolut nicht ginge. Diesem Vorwurf wollte ich begegnen, sonst bin ich selbstverständlich einverstanden damit, sogar auch, wenn man 500 ccm vorschlagen sollte.

Holzner-Weihenstephan: Meine Herren, ich mache keinen neuen Vorschlag, aber ich möchte jene Herren, welche derartige Versuche gemacht haben und noch späterhin machen, bitten, dass sie auch Versuche mit burtonisirtem Wasser, gleichzeitig auch mit stark geschwefeltem Hopfen machen, um zu erfahren, was da für Grenzzahlen herauskommen.

Vorsitzender: Wir sind sehr dankbar für diese Mittheilung und werden darauf Rücksicht nehmen.

Holzner-Weihenstephan: Es ist, wie ich merke, nicht allen Anwesenden bekannt, was burtonisirtes Wasser ist. Burtonisirtes Wasser ist mit Gyps versetztes Wasser, das in England sehr viel zur Bierfabrikation verwendet wird; das kann auch bei uns vorkommen. Ich stelle keinen Antrag, sondern möchte nur für die Zukunft darauf aufmerksam machen.

Vorsitzender: Meine Herren, wir haben abzustimmen. Es ist die eben angeregte Frage nicht hierher gehörig. Sie gehört mit zu den Ausführungsbestimmungen. Wir haben uns blos über den Wortlaut zu einigen. In unsern Vereinbarungen haben wir vorläufig nichts zu ändern. Ich bitte also, folgenden Paragraphen in Erwägung zu ziehen. »Bei der Untersuchung des Bieres zum Zweck der Controlle über eine unerlaubte Verwendungsform des doppeltschwefligsauren Kalkes dürfen aus dem Destillat von 200 ccm Bier nicht mehr als 10 mgr $BaSO_4$ erhalten werden.« Diejenigen Herren, welche dafür sind, dass dieser Satz aufgenommen werde, wollen sich von ihren Sitzen erheben. (Einstimmig angenommen.)
Wir haben uns noch mit dem Zusatze in Betreff des Waschens der Gerste zu beschäftigen.

Vogel-Memmingen: Auf die Verwendung des doppeltschwefligsauern Kalkes hat immer ein gründliches Waschen zu folgen. Das muss ausdrücklich gesagt werden. Dass er zur keimenden Gerste nicht verwendet werden darf und nur zum Waschen des Weizens, ist allerdings bereits ausgesprochen. Aber ich möchte doch überall constatirt wissen: »der jeweiligen Verwendung habe ein gründliches Nachwaschen mit Wasser zu folgen. Nach dem vorletzten Weichwasser darf der Zusatz nicht mehr stattfinden, noch viel weniger zur keimenden Gerste auf der Tenne.« Auch den Herren vom Zollwesen wird daran gelegen sein, dass alles genauer und präciser ausgesprochen wird.

Vorsitzender: Es fragt sich überhaupt, ob dieser Zusatz so dringend nothwendig ist; wir sprechen vom Weichen und Waschen der Gerste. Ist denn dadurch nicht alles erledigt? Warum sollen wir dies nochmals präcisiren? Wir haben in der Grenzzahl einen Anhaltspunkt, die Grenzzahl steht fest. Wenn grössere Mengen schwefligsaurer Kalk in ein Bier gekommen sind, so haben wir rücksichtslos vorzugehen. Es mag nun der Brauer sagen, was er will, etwas ist geschehen, was nicht geschehen soll und ich glaube, dass wir nicht statthafte Manipulationen mit doppeltschwefligsaurem Kalk durch diese Grenzzahl stets entdecken werden.

Halenke-Speyer: Wenn ein solcher Fall vorkommt, so ist das ganz gleich, ich halte das nicht für nothwendig, dass wir besonders erwähnen, dass nachgewaschen werden muss.

Vorsitzender: Meine Herren, wir haben ja competente Herren Sachverständige in unserer Mitte, an welche ich die Bitte richten darf, sich darüber auszusprechen, ob wirklich diese Präcision in der schwebenden Frage so absolut nöthig sein wird.

Oberzollinspector Wiedman-Nürnberg: Ich möchte es schon für nöthig erachten; Sie wissen, dass bei den Gerichtsverhandlungen ein Werth auf das Detailliren gelegt wird. Der Begriff: Waschen der Gerste ist auch etwas weit gefasst, denn wenn ich anfange, zu waschen, so ist dies auch der erste Anfang zum Weichen, es ist nun nicht gesagt worden, dass, wenn wir das Gerstenkorn lange im Wasser liegen lassen, dies der Anfang vom Weichen ist.

Aubry-München: Ich würde gar kein Bedenken darin finden, nur den diesbezüglichen Nachsatz zu geben: Gründliches Nachspülen wird als selbstverständlich erachtet.

Vogel-Memmingen: Also gebe ich die Fassung: »Der jeweiligen Verwendung hat stets ein gründliches Nachwaschen mit Wasser zu folgen, nach dem vorletzten Weichwasser darf der Zusatz nicht mehr stattfinden, noch viel weniger zur keimenden Gerste auf der Tenne.«

Holzner-Weihenstephan: Ich möchte nur darauf aufmerksam machen, dass das Waschen der Gerste vorgenommen wird nach der halben Zeit der Weiche; erst wird die Gerste geweicht, dann gewaschen, dann wird wieder geweicht. In Norddeutschland hat man auf den Brauertagen darüber eigene Debatten geführt; man hat besondere Apparate, deren Construction darauf beruht, dass nach der halben Weichzeit gewaschen wird.

Vorsitzender: Sind die Herren damit einverstanden, dass dieser Satz in Bezug auf das Nachwaschen hereinkommt oder dass das Nähere der betreffenden Commission überlassen wird. Diejenigen Herren, welche dafür sind, dass dieser Zusatz bezüglich des Nachwaschens einer Commission zugewendet wird, bitte ich, sich zu erheben. (Ist angenommen.)

Wir kommen nun zur Salicylsäurefrage, die ja voraussichtlich in unserem Kreise einige Schwierigkeiten bereiten wird. Da über diesen Gegenstand die verschiedenartigsten Anschauungen zur Geltung kommen werden, dürfte es sich empfehlen, im Interesse der Abkürzung der ganzen Frage von vorneherein Stellung zu nehmen, ob wir überhaupt die Anwendung der Salicylsäure zunächst in dem Brauereigewerbe für zulässig erklären wollen, und zwar ganz im Allgemeinen. Es liegt ja eine ganze Reihe von Vorschlägen vor, die uns der Herr Referent gegeben, welche die Verwendung der Salicylsäure ganz ausserordentlich einschränken. Es scheint mir zweckmässig, im Allgemeinen zu dieser Frage Stellung zu nehmen, gewissermassen die Generaldiskussion über die Salicylsäurefrage zunächst zu eröffnen. Wir werden dann bald in der Lage sein, uns über den Standpunkt zu orientiren, der in diesem Kreise eingenommen wird. Ich stelle deshalb an Sie zunächst die

Frage: »Soll die Salicylsäure überhaupt in das Braugewerbe eintreten?«

Holzner-Weihenstephan: Ich glaube nicht, dass es möglich ist, die Salicylsäure vollständig aus den Brauereien zu vertreiben und es ist dies vor allem beim überseeischen Transport, den ich Ihrer besonderen Erwägung empfehle, nicht möglich. Der bayerische überseeische Export ist zwar nicht bedeutend, aber Kulmbach hat bereits angefangen, in Fässern nach Amerika zu exportiren; allein es kann ebenso gut geschehen, dass er sich vergrössert, wie jetzt z. B. schon die Gebrüder Dittmann & Sauerländer in Aachen den Markt von Rio de Janeiro beherrschen. Man trinkt jetzt in Bierkneipen im Innern Brasiliens ganz reines Bier, was man früher nicht um theueres Geld kaufen konnte. Die Anwendung rührt von den Ausstellungen zu Melbourne und Sidney her. Dort haben Dreher und andere Brauer Bier ausgestellt, welches so rein angekommen ist, dass Reuleaux ganz in Ekstase gerieth darüber, dass man in Australien jetzt das Bier so rein aus dem Fass trinken kann wie bei uns. Wenn wir also sagen, wir gestatten die Salicylsäure nicht, sondern wir verbieten sie auch ferner, machen wir uns eines so grossen Eingriffes in die Rechte des Auslandes schuldig, dass wir denselben nicht verantworten können. Wir werden die Frage gar nicht so weit ausdehnen können, dass wir fragen, ob die Salicylsäure angewendet werden darf. Ich glaube, den Satz so aussprechen zu müssen, »sie darf zu gewissen Zwecken verwendet werden.«

Halenke-Speyer: Ich möchte erwähnen, dass, während wir bisher mit dem Malzaufschlaggesetz bei unserer Diskussion gar nicht in Berührung gekommen sind, wir von dem Moment an, wo wir die Salicylsäure gestatten, das Gesetz nicht mehr intact lassen können; es wird in diesem Falle eine Veränderung des Artikels 7 des Malzaufschlaggesetzes gefordert werden müssen, sowie wir einen Zusatz von Salicylsäure zum Bier als statthaft erklären. Ich möchte Sie bitten, in Erwähnung zu ziehen, ob solches nicht auf Schwierigkeiten stossen dürfte. Sowie wir die Salicylsäure als zulässig erklären, — ich bin selbst dafür, — stossen wir zusammen mit dem Malzaufschlaggesetz. Wollen Sie das nicht, so sagen Sie ausdrücklich, es ist jeder Zusatz und jedes Surrogat verboten, ganz unabhängig, ob es die chemische Natur des Bieres verändert oder nicht.

Vogel-Memmingen: Gerade diese Bemerkung ist sehr wichtig, es hat nämlich von Seiten der Richter schon eine ganz andere Auffassung stattgefunden. In Regensburg hat man zweimal hinter einander, im December und im Juni, den Brauer, welcher kohlensaures Natron und Moussirpulver verwendet hat, von einer Uebertretung des Malzaufschlaggesetzes freigesprochen und das zweite Mal wurde wieder eine ähnliche Auffassung massgebend, dass nämlich solche Zusätze, die nichts mit dem Malz zu thun haben, auch nicht mit dem Malzaufschlaggesetze bestraft werden können; man hat sie auch gestraft, aber nach dem Nahrungsmittelgesetz. Das ist natürlich. Für uns ist das ganz irrelevant. Bei der kellerrechten Behandlung des Bieres wollen

wir etwas Neues einführen, das allerdings der herkömmlichen Auffassung des Malzaufschlaggesetzes widerspricht und infolge dessen eine
Aenderung des § 7 nothwendig herbeiführen müsste. Ob Sie sich für
die Erlaubniss entschliessen oder nicht, das ist Ihre Sache, aber wenn
Sie es nicht genehmigen, stehen Sie über kurz oder lang wieder vor
der gleichen Frage. Die Salicylsäurefrage schaffen wir nicht aus der
Welt, bis die flüssige Kohlensäure auch dem Kleingewerbe zugänglich
ist und in den Handel gebracht wird. So lange das nicht der Fall
ist, brauchen wir die Salicylsäure.

R. Kayser-Nürnberg: Meine Herren! Für mich ist die Frage
der Verwendbarkeit der Salicylsäure als Conservirungsmittel des Bieres
in erster Linie eine physiologisch-hygienische. Bevor wir nach dieser
Richtung hin nicht klar sehen, nicht bestimmt wissen, woran wir sind,
meine ich, dass wir nicht befugt seien, der Gesetzgebung den Vorschlag
zu machen, einen Körper in das Brauereigewerbe einzuführen, über
dessen physiologische und hygienische Bedeutung in letzterem, soweit
der Consument in Frage kommt, wir nicht orientirt sind. Man führt
für die Verwendung der Salicylsäure als Conservirungsmittel des Bieres
die geringe Menge derselben an, welche für diesen Zweck ausreiche,
man sagt ferner, dass die Salicylsäure auch nicht zu den accumulativ
wirkenden Substanzen, wie etwa das Blei, gehöre, dass sie ausserdem
auch sehr schnell wieder den Organismus verlasse. Gestatten Sie mir
nun, meine Herren, auf diese Punkte etwas näher einzugehen. Was
die geringe Menge betrifft, so soll allerdings nach den Vorschlägen des
Herrn Referenten den Bierconsumenten nur eine Quantität von 5 cg
im Liter geboten werden dürfen. Eine Lösung von 5 cg Salicylsäure
in 1 l ist offenbar eine relativ sehr schwache Lösung. In Betracht
zu ziehen ist hier aber, dass eine grosse Anzahl von Personen sehr
wesentlich mehr als 1 l Bier täglich zu consumiren gewohnt ist;
zu den Bierconsumenten gehören auch Frauen und Kinder, wenigstens gehören sie bei uns dazu. Bei der Beurtheilung des Wirkungs-
werthes der Salicylsäure, das werden mir die anwesenden Herren
Mediciner bestätigen, ist auch die individuelle Disposition des Consumenten ein sehr wesentlicher Factor, ebenso das Alter und das Ge-
schlecht desselben.

Ueber alle diese Fragen sind wir noch im Unklaren, vielleicht
mit einer Ausnahme; wir wissen nämlich allerdings nicht, wie derartige
kleine Dosen Salicylsäure auf den menschlichen Organismus wirken,
wohl aber wissen wir, und die ganze Verwendbarkeit der Salicylsäure
als Conservirungsmittel beruht ja darauf, dass sehr geringe Mengen,
sehr schwache Lösungen derselben, genügen, um die vitalen Functionen
gewisser Mikroorganismen zu lähmen, durch welche jene Zersetzungs-
erscheinungen bewirkt werden, welche das Verderben, in unserem Falle:
des Bieres, bedingen. Nun ist es aber bekannt, dass derartige Mikroorganismen sich durch eine beträchtliche Zählebigkeit auszeichnen, dass
sie eine sehr grosse Widerstandsfähigkeit gegen die Einwirkung chemischer Agentien besitzen. Ist denn nun anzunehmen, dass die physio-
logisch-chemische Natur der Zellen, aus welchen der menschliche Or-

ganismus sich zusammensetzt, eine derartige sei, dass ihnen gegenüber
ein Körper in einer Menge und Verdünnung ohne Wirkung bleiben
werde, der auf die Einzelzellen der Mikroorganismen, falls letztere überhaupt
der Formenwerth einer Zelle zukommt, energisch einwirkt? Es erscheint mir ausserordentlich unwahrscheinlich, dass der menschliche Körper
sich nach dieser Richtung hin einer gewissen Immunität erfreuen sollte;
jedenfalls fehlt uns die Gewissheit des Vorhandenseins einer derartigen
Immunität. Was nun die von den Freunden der Salicylsäure betonte
schnelle Abscheidung derselben aus dem menschlichen Organismus betrifft, so erscheint mir dieser Umstand als ziemlich irrelevant. Wir
kennen eine ganze Reihe von stark wirkenden Arzneimitteln, wie Chinin,
Jod u. a. m., die sehr bald nach dem Genusse wieder ausgeschieden
werden; nichts destoweniger wird Niemand von Ihnen, meine Herren,
die ausserordentlich energische Wirkung der genannten Körper in Abrede stellen wollen. Es ist nun zwar vom Herrn Referenten gesagt
worden, die hygienische oder sanitäre Seite der Salicylsäurefrage ginge
uns überhaupt nichts an, nach dieser Richtung hin besässen wir keine
Competenz. Ganz gewiss, soweit es sich um einen Theil unserer Ver-
einigungsmitglieder handelt, — ich nehme mich natürlich hiervon nicht
aus — unsere Vereinigung besteht aber nicht nur aus Berufschemikern,
sondern statutengemäss aus allen Ienen, welche auf dem Gebiete der
angewandten Chemie thätig sind; hierzu gehört die öffentliche Gesundheitspflege in erster Linie. Gehört hierher nicht auch im Wesentlichen die
Thätigkeit des practischen Arztes, soweit sie nicht chirurgischer oder
anatomischer Art ist? Eine wesentliche Aufgabe unserer Vereinigung
suche ich gerade ganz besonders im Zusammenarbeiten der Vertreter
verschiedener Gebiete der angewandten Chemie, insbesondere der Berufs-
chemiker und der practischen Aerzte als Organe der öffentlichen Gesundheitspflege. Ich erkläre im Gegensatze zum Referenten, dass
gerade in unserer Mitte alle jene Persönlichkeiten vorhanden sind, die
zur Beurtheilung der vorliegenden und ähnlicher Fragen ganz besonders
competent sind. Im Anschlusse hieran erlaube ich mir nun an die
medicinischen Herren Mitglieder unserer Versammlung die Frage zu
stellen: Meine Herren, sind Sie in der Lage, uns die Versicherung
geben zu können, dass die Salicylsäure mit Berücksichtigung individu-
eller Dispositionen, dem Biere in geringer Menge einverleibt, als indifferenter Körper zu betrachten sei? Können Sie erklären: die Salicylsäure ist in diesem Falle ein unschädlicher Körper, gegen dessen Verwendung als Conversirungsmittel keinerlei Bedenken möglich sind: dann,
meine Herren, ist die Sache für mich zu Gunsten der Salicylsäure erledigt. Was dann noch die zuzusetzenden Mengen, ob 4, 5 oder 6 g
p. Hectol., sowie gewisse Cautelen und zollpolizeiliche Massregeln betrifft, so sind das technische Dinge für mich von secundärer Bedeutung.
Werden Sie mir, meine Herren, auf die an Sie gerichteten Fragen antworten: wir erachten einen Zusatz von Salicylsäure zum Biere als für
in sanitärer Hinsicht gefährlich, oder aber, werden Sie erklären: über
die physiologische Wirkung der Salicylsäure unter den angegebenen
Verhältnissen sind keine Erfahrungen vorhanden. Dann muss ich die
Zulassung der Salicylsäure zur Bierconservirung als ein Experiment mit

einem wichtigen Factor der Volksernährung erklären. Das darf nicht sein. Derartige Experimente gehören in die hygienischen und physiologischen Institute, möglicher Weise auch in die medicinischen Kliniken, dort ist ihr Platz, nicht aber dürfen sie sich erstrecken auf Dinge, die Millionen zur Nahrung und als Genussmittel dienen. So lange nicht derartige Versuche den Wirkungswerth der Salicylsäure festgestellt haben werden, dürfen wir nicht die Verantwortung übernehmen, einen Körper zur Conservirung eines täglichen Nahrungsmittels der Gesetzgebung zu empfehlen. Und warum denn das Alles? Aus welchem Grunde denn dieser Schmerzensschrei vieler Brauer nach einer Zulässigkeitserklärung der Salicylsäure?

Meine Herren! Ich habe die Ueberzeugung, dass die Veranlassung dieser Erscheinung in dem Bestreben zu suchen ist, gewisse Mängel brautechnischer und wirthschaftlicher Art, an welchen viele Brauer leiden, zu verdecken. Ich komme hier zuerst auf den Unterschied, den der Herr Referent in dieser Angelegenheit zwischen Gross- und Kleinbrauern gemacht hat. Ja, meine Herren, das, was hier von ihm angedeutet werden sollte: die Macht, welche grösseres Capital jedem Betriebe giebt, das spielt nicht nur im heutigen Braugewerbe seine Rolle: die angeblichen Gegensätze von Capital und Arbeit ziehen sich wie rothe Fäden durch das ganze Gewebe unserer socialen Entwickelung. Glauben Sie denn wirklich, meine Herren, dass Sie durch derartige Verkleisterungsmittel eines Schadens wirklich auf die Dauer dem nützen werden, dem sie nützen wollen? Nein, Sie werden gerade das Gegentheil erreichen. Der Hauptübelstand, unter welchem unsere Kleinbrauer leiden, ist nicht der Mangel an Capital, sondern der Mangel an brautechnischer Bildung, diesem entspringt wieder der Mangel an Verständniss für die fundamentale Bedeutung der penibelsten Reinlichkeit im Braugewerbe; dass das sich so verhält, meine Herren, ist gerade denen unter Ihnen genugsam bekannt, welche sich besonders mit Aufgaben des Braugewerbes beschäftigen. Hier ist anzulegen, wenn dem Kleinbrauer geholfen werden soll, hier kann mit Erfolg angelegt werden, wenn aufklärend und belehrend gewirkt wird. Sagen Sie dem Brauer, welchen Ursachen die von ihm beklagten Uebelstände entspringen, sagen Sie ihm, was er thun muss, um diese Ursachen zu beseitigen, dann fallen die Folgen von selber weg, ohne dass Vertuschungsmittel begangener Fehler und brautechnischer Ungehörigkeiten durch Salicylsäure oder dergleichen erforderlich sind. Es giebt zur Zeit für den Kleinbetrieb zahlreiche, ihn erleichternde maschinelle Einrichtungen, die übrigens auch, was die Betriebsführung betrifft, es ihm gestatten, in gleicher Qualität und mit nicht grösserem Risiko zu produciren wie der Grossbetrieb. Die ganze Salicylsäurefrage im Braugewerbe, meine Herren, ist im Wesentlichen eine Reinlichkeitsfrage. Der Herr Referent hat vorhin selber zugestanden, dass das grösste Uebel im Brauereibetriebe die Unreinlichkeit sei, — folgt denn daraus, dass wir, um die Reinlichkeit entbehrlich zu machen, gewissermassen als Seifensurrogat dem Brauer die Salicylsäure in die Hand geben müssen? Ich dächte, meine Herren, es wäre ein sehr gerechtes Verlangen des Publikums, dass es der Brauer erst einmal mit Reinlichkeit versuchen solle, bevor er das Verlangen nach Conservirungsmitteln wie Salicylsäure u. dergl. stellt. Ich halte aus diesem Grunde die Salicylsäurefrage auch durchaus nicht für eine so brennende, von welcher Wohl und Wehe des Braugewerbes abhängt; der Herr Referent hat weiter erklärt zur Empfehlung seiner Vorschläge, dass der Brauer, gleichviel ob die Verwendung von Salicylsäure für zulässig erklärt werde oder nicht, sie dennoch verwenden werde. Ja, meine Herren, trotz Todesstrafe, trotz Zuchthausstrafen, werden Verbrechen begangen, trotz der schwersten gesetzlichen Strafen wird gemordet, geraubt und betrogen, das ist nicht zu leugnen, aber wird es denn deshalb einem Verständigen einfallen, zu verlangen, dass die Strafbestimmungen für derartige Verbrechen aufgehoben werden, weil man letztere durch erstere nicht völlig aus der Welt schaffen kann? So lange es Menschen geben wird, wird gestohlen, geraubt und gemordet werden trotz aller Gesetze und Strafen, das ist nicht zu verhindern, ebensowenig wird es jemals möglich sein, jeden Verbrecher zur verdienten Strafe heranzuziehen. Das Gesetz kann nur den Verbrecher bestrafen, der entdeckt worden ist; nicht nur in Nürnberg hängt man Niemanden, man habe ihn denn zuvor. (Heiterkeit.) Dasselbe wird mit der Salicylsäure der Fall sein. Der Herr Referent hat ferner gemeint, wir sollten recht froh sein, dass gerade die Salicylsäure in Frage käme, weil wir in der Lage seien, sie so sicher und in so geringen Mengen nachweisen zu können. Gewiss, es kann für uns Chemiker nur sehr angenehm sein, wenn wir Verfälschungen leicht und sicher nachweisen können, es wird uns ein derartiger Nachweis vielleicht viel Mühe machen, wenn die Brauer anstatt der Salicylsäure etwa zu der Borsäure oder anderen Substanzen greifen sollten. Das ist aber mit allen Fälschungen nicht anders, in dem Wettrennen zwischen Verfälschung und Nachweis ist erstere stets um eine Pferdelänge voraus; auch die Fälscher arbeiten mit allen Hülfsmitteln der Wissenschaft, leider nicht selten unterstützt von Chemikern, die ihre Wissenschaft prostituiren. Ueberhaupt, meine Herren, haben wir weder eine Veranlassung noch das Recht, die Interessen der Brauindustrie in den Vordergrund treten zu lassen, in den Vordergrund gesetzt bei unseren Erwägungen gehören das Wohl und die Interessen der Allgemeinheit. Wir haben nicht darum zu sorgen, was aus einer Anzahl von Brauern wird, die sich in ihrem Betriebe nicht die Reinlichkeit angewöhnen können. Es ist in jedem anderen Gewerbe ja doch auch nicht anders, als dass diejenigen Personen, die es nicht ordentlich verstehen, auf keinen grünen Zweig kommen und etwas anderes ergreifen müssen, wozu sie sich besser eignen, oder, wenn sie das nicht wollen oder können, nun dann, und das zu ändern ist Niemand im Stande, werden sie unfehlbar wirthschaftlich zu Grunde gehen. Wir können das beklagen, aber es wird trotzdem Niemandem von uns einfallen, etwa einen Anzug bei einem Schneider zu bestellen, von dem wir wissen, dass er sein Handwerk nicht versteht. Ich schliesse mit dem Wunsche, dass durch Sie die Zulässigkeit der Salicylsäure im Braugewerbe verneint werden möge, da die Befürchtung eine gewiss sehr gerechtfertigte ist, dass mit einer, wenn auch nur bedingungsweisen, Zulässigkeit der Salicylsäure im Braugewerbe eine Reihe von Eventualitäten geschaffen

würde, die in keiner Weise zu übersehen, noch viel weniger zu con-
trolliren sein würde. Sollte Ihnen, was ich jedoch nicht hoffe, mein
eben ausgesprochener Wunsch als ein zu weitgehender erscheinen, so
ersuche ich Sie dringend, wenigstens mit Bestimmtheit, auszusprechen,
dass im Bier keine Salicylsäure vorhanden sein darf, und dass, falls
ihr Vorhandensein constatirt würde, dieses von Ihnen als Verfälschung
des Bieres erachtet werde.

Medicinalrath Merkel-Nürnberg: Meine Herren, das, was ich in
dieser Frage sagen wollte, hat Herr Dr. Kayser im Wesentlichen in
einer Weise gesagt, dass ich nicht im Stande bin, es irgend wie besser
zu sagen. Aber ich halte es doch für meine Pflicht, vom ärztlichen
Standpunkt aus meine Stimme abzugeben und zwar zunächst und
zuerst von meinem Standpunkt als Sanitätsbeamter. Die Salicylsäure
ist kein indifferenter Körper, wir wissen das genau — und zwar aus
sehr eingehenden Beobachtungen, die jeder Arzt bestätigen kann —,
dass eine grosse Dosis von Salicylsäure eine sehr schwere Einwirkung auf das Nervensystem hervorzubringen im Stande ist und dass
diese Dosis, die zur Heilwirkung von acuten Fiebern· oder von
Gelenkrheumatismus nothwendig ist, so gross sein muss, dass die
Patienten sogar Vergiftungserscheinungen bekommen. Was kleinere
Dosen betrifft, so ist uns über sie nur so viel bekannt, dass man auch
ihnen in manchen Fällen eine Wirkung zuschreiben kann. Nach meinen
Erfahrungen wird durch fortgegebene kleinere Gaben nicht nur die
Besserung anhaltender gemacht, sondern es werden auch die Beschwerden,
die durch die Salicylsäure hervorgerufen werden, durch kleine, längere
Zeit hindurch fortgesetzte Dosen fixirt. Ich bekenne aber auch, dass
in den gewöhnlichen Fällen diese Vergiftungserscheinungen rasch wieder
verschwinden, sowohl nach dem Aussetzen der grösseren Dosis, als
nach dem Aussetzen der darauf folgenden kleineren. Mit einem indifferenten Körper haben wir es also nicht zu thun; und zwar haben
wir es mit einem Körper zu thun, der unter Umständen — und darauf
bitte ich Acht zu geben — bei dazu disponirten Menschen sehr fatale
Erscheinungen hervorrufen kann. Es ist thatsächlich nachgewiesen
und nicht abzuleugnen, dass Gehörsstörungen lange Zeit hindurch
bleiben können. Es wird durch die Erfahrung hinreichend constatirt,
dass in einer grösseren Zahl von Fällen besondere Belästigungen entstehen. So gefährdet es solche Leute, welche zu psychischen Aliena-
tionen neigen, dann vor allem Leute, die viel zu trinken gewohnt sind.
Sie werden manchmal schon nach den ersten Gaben rasch alienirt; sie
bekommen zunächst Gehörsstörungen und denen schliessen sich Wahn-
ideen an. Ich habe das nicht einmal oder zweimal, sondern dutzend-
male beobachtet, dass solche disponirte Leute wenigstens vorübergehend
auf die Irrenabtheilung geschafft werden mussten. Das, meine Herren,
gilt alles nur von den grossen Dosen; die Erscheinungen wechseln
also; ich habe solche fatale Erscheinungen schon nach 5 gr, auch erst
nach 9 gr Dosen gesehen. Aber, meine Herren, wir wissen nicht, wie
die kleine Dosis wirkt, wenn sie beständig fortgegeben wird. Das ist
uns unbekannt. Bekannt ist, besonders aus Versuchen, welche im

Berliner städtischen Krankenhause angestellt wurden, dass die Salicyl-
präparate längere Zeit ohne Nachtheil fortgegeben werden können.
Nach meinen Erfahrungen klagen dabei die Patienten zunächst über
Magenbeschwerden. Es sind aber auch hier immer grössere Dosen gewesen. Wie kleinere Dosen wirken, das wissen wir nicht. Meine
Herren, so lange wir vor einem so zweischneidigen Mittel stehen, so
lange wir von ihm wissen, dass es in grösseren und mittleren Dosen
schwere Erscheinungen hervorruft, so lange müssen wir als Aerzte da-
vor warnen, dass man solch ein Mittel längere Zeit hindurch in einem
Nahrungs- und Genussmittel nehmen lässt. Denn wie ein solches Mittel
365 Mal im Jahre in kleiner Dosis genommen wirkt, das weiss ich
nicht und es wird keinen Arzt geben, der das weiss; aber es wird
jeder Arzt wahrscheinlich sich bedenken, das Mittel so oft einzugeben,
um zu prüfen, wie es wirkt. Am Allerwenigsten darf das in einem
Nahrungsmittel geschehen. Dass wirklich die Geschichte auch den
Herren nicht so ganz »ohne« erscheint, das geht doch gerade daraus
hervor, dass der Herr Referent die Sache so sehr mit Clauseln umgeben
hat und zwar mit Clauseln, die nach meinem Dafürhalten vom geschäftlichen und polizeilichen Standpunkt aus nicht durchzuführen sind.
Wenn man auch solche Cautelen verlangt, so ist damit doch gesagt,
dass das Mittel verwendet werden kann, und es wird dadurch dann
ganz gewiss mit der Salicylsäure mehr gewirthschaftet werden, als bisher. Ich halte vom ärztlichen und vom sanitätspolizeilichen Standpunkt aus die Frage vorläufig für entschieden. Von meinem Standpunkt aus gehört in das Bier absolut gar nichts hinein, als was das
Gesetz bisher erlaubt. Ja, wenn bei uns das Bier so theuer wäre wie
dort, wohin es exportirt wird und wenn es nicht literweise getrunken
würde, dann wäre das eine ganz andere Geschichte. Ja, wenn jeder
nur einen Schoppen trinken würde per Tag, dann wäre die Sache vielleicht (?) anders. Aber wir sind ja in Bayern! Was trinken denn
unsere Leute? Wenn ich meine Patienten im Krankenhaus betrachte,
die ich durchgehends frage, wenn sie kommen: »Wie halten Sie es
mit dem Trinken?« Wie selten bekomme ich da die Antwort: sie
tränken weniger als zwei oder drei Glas. Die Leute trinken sehr häufig
fünf und sechs und mehr. Ja, gehen Sie nach München hinauf, da
fangen die Kinder schon an und die Frauen auch! (Heiterkeit.) Ja,
das sollte vielleicht besser nicht sein, und würden wir durch die Salicylsäure diese Thatsache ändern können, so würde ich sagen, ich bin
dafür: thun Sie die Salicylsäure hinein. (Heiterkeit.) Aber so lange
Sie nicht im Stande sind, das durchzusetzen, geht es nicht. Ja, würde
bei uns das Bier so theuer sein, wie in Norddeutschland! Wir dürfen
das auch nicht wagen, weil es bei uns Nahrungs- und Genussmittel
ist. Wollen wir froh sein, dass wir das Bier statt des Schnapses
haben. Und bei einem Nahrungsmittel dürfen wir in keiner Weise
ein Experiment wagen; denn das wäre unter allen Umständen verfehlt.
Ich habe leider den Vortrag des Herrn Referenten nicht ganz gehört
und ich weiss deshalb nicht, wie es mit dem Zusatz zur Hefe gehalten
werden soll. Kann dafür garantirt werden, dass von der der Hefe zugesetzten Salicylsäure absolut nichts ins Bier übergeht, so kann ich

mich damit zufrieden geben, dass man den Zusatz zur Hefe gestattet. Ist dann doch Salicylsäure im Bier, so liegt eben ein strafbares Reat vor! Schliesslich erlaube ich mir von meinem Standpunkte den Herren Mitgliedern (ich bin selbst Mitglied des Vereins!) eine ganz bescheidene Bemerkung zu machen. Ich habe nämlich die Ueberzeugung, dass der Verein der Nahrungsmittelchemiker Bankerott macht, wenn er nicht in beständiger Fühlung bleibt mit der Gesundheitspflege.

Medicinalrath Egger-Bayreuth: Nachdem sich doch Vieles gegen die Salicylsäure geltend macht, wie sich aus den Auseinandersetzungen der beiden Herren Vorredner ergeben hat, erlaube ich mir noch vom allgemeinen Gesichtspunkt aus einige kurze Bemerkungen. Von denjenigen drei Standpunkten, welche nach den Erörterungen des Herrn Referenten hier vorzugsweise ins Interesse gezogen sind, steht mir der des Publikums, insoferne dasselbe Consument ist, in erster Linie. Wenn ich auch vom zweiten Gesichtspunkte aus, wegen der Veränderungen der Finanzbestimmungen durch Hereinziehung der Salicylsäure Bedenken äussere, so führt mich diese flüchtige Bemerkung nur wieder auf den dritten Standpunkt, den des Consumenten zurück mit Rücksicht darauf, dass das Vertrauen in die Güte, welches unser Nationalgetränk bisher genossen hat, sich vollständig an dem Schutz aufrankt, den die Darstellung des Bieres zu ihrem Vortheile und zwangsweise durch das Finanzgesetz bisher besessen hat. Wollen Sie einen Körper, der als Arzneikörper von so einschneidender Wirkung überall bekannt ist, mit hereinziehen in den allgemeinen Genuss, dann verlassen Sie den bisherigen Standpunkt, den wir in der Bierfrage einnahmen, und wie er in der Auffassung des Publikums bisher herrschte, vollständig. Das Volk will bei uns solches Bier, wie es dasselbe seit Jahren gewohnt ist zu trinken und zwar mit vollem Rechte. Die Salicylsäure, die es bereits als Mittel für seine Krankenzwecke nimmt, zerstört sofort sämmtliches Vertrauen, und die Berechtigung zu diesem Vertrauen liegt eben in unserem Gesetz, wie ja oft schon nachgewiesen ist. Andererseits aber sehe ich mich vom Standpunkte der Verwaltungspraxis aus genöthigt zu der Aeusserung: Sie verrücken unseren ganzen bisherigen Standpunkt. Das Publikum, welches zur Behörde ruft, wenn es sich in seinen Verhältnissen bedrängt und bedroht glaubt, wird, sobald Sie heute die Salicylsäure zur Bierbestellung zulassen, einen Schrei der Entrüstung durch das ganze Land erheben, warum von Seite der Behörde nicht dagegen gearbeitet und das Interesse des Publikums gewahrt worden ist. Ich stehe zwar nur als Privatperson hier, aber gerade meine Stellung nöthigt mich hier auszusprechen, wie die Verhältnisse betrachtet werden können. Wir haben unter denjenigen Personen, welche berechtigt sind, mit Salicylsäure umzugehen und sie dem Publikum zu beschaffen, bisher nur ein Personal gehabt, welches für die Gefahren, welche eine derartige Behandlung difficiler Mittel mit sich bringt, als Gewähr eine sehr lange, mit vielen Opfern verbundene Vorbildung erbringen musste. Wir haben für den Verkehr mit diesen Mitteln Leute, welche unter einer sehr schweren Verantwortung immer und immer fort stehen. Nun auf einmal soll ein solches Mittel durch Umgehung der durch unsere Einrichtungen im Staate geschaffenen Garantieen plötzlich freigegeben werden zur Manipulation an Personen, welchen wir gar keine Verantwortung zuschieben können. Wir verlassen also die Sicherheit, welche unsere staatliche Organisation dem Publikum bietet mit einem Ruck und treten in ein Gebiet voll Unsicherheit und Inconsequenz hinaus. Es ist mir schon sehr bedauerlich vorgekommen, dass wir uns bezüglich der Reinigung der Geräthe über Mittel geeinigt haben, die mehr oder weniger in das Reich der Apotheke gehören. Wenn wir aber nun das durch die letzten Jahre vielfach in der Presse und im Publikum zur Diskussion gebrachte Mittel der Salicylsäure erlauben, dann stellen wir die ganze Frage gewissermassen auf den Kopf. Entweder müssen wir eintreten für das, was wir als bewährt kennen gelernt haben, oder wir müssen ganz brechen mit der sicheren Vergangenheit. Es ist noch ein Moment von den beiden Herren Vorrednern nicht erwähnt worden: Wir geniessen das bayerische Bier, wie gesagt und geklagt worden war, im Uebermass. Allein wir brauchen das Bier auch unter vielen Verhältnissen, wo es nicht allein als Genussmittel gereicht wird, sondern wo wir es vom ärztlichen Standpunkt aus verordnet dem Kranken geben. Dass ein solches Bier unter allen Verhältnissen nur eines sein darf und soll, welches der Auffassung, die wir bisher vom Biere hatten, entspricht, das, glaube ich, setzen Sie alle mit mir voraus. In dem Augenblicke aber, wo wir es wagen, die bisherigen Schranken aufzuheben und die Salicylsäure freizugeben, verlieren wir nicht blos unser Vertrauen, wir dürfen auch glauben, dass, da ja zumeist solche Brauer, die schon an der Verzweiflung stehen, zu diesem Dinge greifen, wir mit der Salicylsäure für die Consumenten nur Uebles schaffen.

Aubry: Als in unserer Vereinigung das erste Mal die Frage der Verwendung der Salicylsäure angeregt wurde, war ich leider nicht anwesend. Ich hätte damals schon energisch meine Gründe dagegen, dass wir uns mit der Salicylsäure befassen, vorgebracht. Die Salicylsäure hat ein Lob geerntet und erntet ein Lob und wird von vielen Seiten als ein Mittel betrachtet, welches über Alles hinaushilft. Ich möchte zunächst betonen, dass sie diesen Ruf nicht vollständig verdient. Wir stehen auf dem Gebiet der Brauerei in einem Zeitalter des Fortschrittes und in der That ist es jetzt dem Brauer möglich, mit verbesserten Mitteln zu arbeiten und ich glaube, dass die Gefahr, saure Biere während einer gewissen Jahreszeit zu erhalten, jetzt ausserordentlich geringer geworden ist als wie vor Jahrzehnten. Es wird auch hier immer besser. Die Brauer sehen immer mehr ein, dass sie Verbesserungen in ihrem Betriebe nöthig haben und dass sie durch Einführung solcher Verbesserungen, die, ich erwähne es ausdrücklich, nicht immer kostspielig hergestellt zu werden brauchen, grosse Erfolge erzielen. Man spricht häufig davon: ja, die grösseren Brauer, der reiche Kapitalist kann sich solche Mittel anschaffen, aber der ärmere Brauer oder vielmehr derjenige, der sozusagen von der Hand in den Mund lebt, kann das nicht. Meine Herren, das ist nicht so gefährlich: auch der ärmste Mann kann die Reinlichkeit pflegen und Reinlichkeit muss in der Brauerei obenanstehen. Der Brauer, welcher Reinlichkeit in seinen Betrieb eingeführt hat, hat damit nicht nur den Betrieb bedeutend gebessert, sondern er hat auch Vorsorge getroffen für die Haltbarkeit seines Produktes. Ein Bier, in einer Brauerei bereitet, in welcher überall Reinlichkeit herrscht, wird unbeschränkt haltbarer sein als wie solches aus einer Brauerei, in welcher die Reinlichkeit nicht obenan gestellt ist. Ich spreche hier davon, dass ich mich entschieden dagegen auflehne und dagegen strebe, wenn man sagt: die Salicylsäure oder irgend ein anderes Conservirungsmittel seien eine absolute Nothwendigkeit für den Brauer. Ich mache keinen Unterschied zwischen dem Klein- und Grossbrauer, zwischen einheimischem Consum und Export und dem Consum im weiteren Vaterlande oder in überseeischen Ländern. Allerdings muss ich zugestehen, dass es den bayerischen Brauern nicht möglich ist, die Concurrenz mit anderen Brauern aufrecht zu erhalten, die nach überseeischen Ländern exportiren und denen es vermöge der Einrichtungen in ihrem Lande gestattet ist, Salicylsäure als Conservirungsmittel anzuwenden. Ich habe deshalb damals, als mir die Kunde von der Zulässigkeitserklärung der Salicylsäure in den Vereinbarungen betreffs des Exportes wurde, mich einigermassen beruhigt, weil ich mir sagen musste, ja, beim überseeischen Export ist es ausserordentlich schwierig, Jahre hindurch ein Bier zu conserviren ohne Zusatz von Salicylsäure. Die Erfahrung lehrt dieses. Ich war seiner Zeit Juror bei der Ausstellung in Amsterdam. Alle die Biere, die, zum überseeischen Export bestimmt, zur Ausstellung kamen, waren längere Zeit, ja Jahre lang conservirt. Diese enthielten, mit nur wenigen Ausnahmen, immer mehr oder weniger Salicylsäure. Es kommt nun eine weitere Frage hier herein. Ist es denn die Salicylsäure allein, welche das Bier, welches nach überseeischen Ländern gelangt, vor demjenigen bewahrt, was man dort am meisten verachtet, nämlich vor dem Satzgeben? Man will jetzt überall klare Biere trinken. Nämlich wenn Bier längere Zeit gereist ist, so ist es selbstverständlich, dass es einen Absatz giebt. Stellen wir uns nun die Frage: Ist die Salicylsäure im Stande, in allen Fällen das Bier vor dem Absetzen zu bewahren, so müssen wir antworten: es ist nicht möglich, das Bier für längere Zeit vor dem Absetzen zu bewahren; auch die Salicylsäure nützt da nichts. Dessenungeachtet würde ich mich dazu verstehen, dieselbe für den überseeischen Export für zulässig zu erklären, aber nie und nimmer würde ich sie im Lande selbst gestatten, ich würde die Salicylsäure als Zusatz für den Consum des Bieres im Lande absolut verbieten. Es giebt keine Nothfälle, wo wir mit Salicylsäure uns unbedingt schützen können und die Nothfälle, die der Kleinbrauer hat, dass ihm ein Gebräu nicht gerathen ist, diese Nothfälle treten auch an den Grossbrauer heran, ja, meine Herren, diese Nothfälle treten auch an den Bäcker, treten auch an den Fleischer heran. Wie häufig sieht sich der Fleischer in die unangenehme Lage versetzt, dass er Fleisch, das ihm verdorben ist, einfach wegwerfen und von seinem Conto abschreiben muss, das ist kein anderer Verlust als wie er beim Brauer entsteht, wenn er ein Fass Bier oder einige Fässer hat, die durch irgend einen Umstand zum Genuss untauglich geworden sind. Uebrigens muss ich dann noch bemerken, dass besonders im Lande draussen der Consument durchaus nicht so empfindlich ist wie der Städter; mir wurde kürzlich von einem Brauer versichert, dass er selber sein Bier nicht mehr ganz richtig fand, während seine Wirthe zufrieden waren und die Consumenten das Bier lobten; er selber sei trotzdem überzeugt, dass das Bier schlecht sei, so dass er es selbst nicht trinken möge. (Heiterkeit.) Die Consumenten aber sind für den Brauer massgebend. Ich befürchte nur sehr, dass, wenn wir der Salicylsäure das Wort reden, wir dem Braugewerbe dadurch keinen Nutzen verschaffen, dass wir das Ansehen des bayrischen Bieres im In- und Auslande, wie das schon ausgesprochen worden ist, bedeutend schädigen. Es werden viele die Nase aufziehen und werden sagen — und ich glaube mit Recht —, ja, das bayrische Bier! es ist jetzt auch nicht mehr das bayrische Bier, wie wir es sonst bekommen haben, es ist auch etwas darinnen. Diese Frage müssen wir besonders erwägen.

Holzner-Weihenstephan: Meine Herren, der Herr Dr. Kayser und zwei andere Herren haben etwas stark die Wirkungen hervorgehoben, die möglicherweise infolge des Genusses geringer Mengen Salicylsäure eintreten könnten. Es wurde ferner gesagt, man dürfe die Consumenten nicht zum Experimente benutzen. Ich bin Laie in medicinischen Dingen und masse mir daher nicht an, in dieser Hinsicht ein Wort mitreden zu können. Ich erlaube mir jedoch, darauf aufmerksam zu machen, dass das Experiment an Millionen von Menschen schon gemacht worden ist; denn die Salicylsäure wird, mit Ausnahme von Bayern und Baden, seit 8 Jahren in den übrigen europäischen Staaten und in anderen Ländern massenhaft angewendet. Die Aerzte in Norddeutschland müssten doch schon längst beobachtet haben, dass der dauernde Genuss kleiner Mengen Salicylsäure schädlich ist, wenn er es wirklich wäre. — Ich habe vorhin das Wort nur ergriffen, weil mir daran liegt, dass der Zusatz von Salicylsäure beim überseeischen Transport in Fässern gestattet werde. Für die übrige Angelegenheit, d. h. ob Sie die Verwendung der Salicylsäure für den inländischen Bierconsum befürworten wollen oder nicht, habe ich kein grosses Interesse. Nach dem, was ich wiederholt in der Zeitschrift für das gesammte Brauwesen dargelegt habe, werde ich sogar selbst gegen die Gestattung des Zusatzes von Salicylsäure zu jenen Bieren, welche im Inlande consumirt werden sollen, stimmen.

Medicinalrath Egger-Bayreuth: Wenn darauf hingewiesen worden ist, dass anderwärts das unbeanstandet besteht, was wir ferne halten wollen, so muss ich sagen, dass wir durchaus nicht die Aufgabe haben, deshalb Aenderungen vorzunehmen. Wir haben uns hier nur zu entscheiden, ob wir eine Aenderung stattfinden lassen wollen in dem Sinne, dass wir Surrogate hereinlassen. Vom Herrn Referenten ist ausgesprochen worden, dass saueres Bier sauer bleibe mit oder ohne Salicylsäure. Für unsere Frage entscheidet das nichts. Das Publikum hat nie das saure Bier gelobt oder als gut bezeichnet. Wir haben aber hier die Dinge zu bezeichnen, welche die Herstellung guten Bieres ermöglichen. Das, was an uns ohne Schaden zufällig vorübergegangen ist, darf nicht Muster sein, um es bei uns deshalb einzuführen. Es ist als Entschuldigung angeführt worden, dass Mancher die Salicylsäure nothwendig finde, von der er, wenn er das Bier vor Sauerwerden erhalten will, weil er schlechten Hopfen hat, so viel zusetzen muss, dass die Leute krank werden. Hier ist das Uebel nicht mit Salicylsäure zu beseitigen, da müssen andere Hebel eingesetzt werden. Es ist vom Herrn Referenten auch ausgesprochen worden, dass die Leute so sehr nach dem Münchner Bier laufen, weil es weit weniger schlechten Hopfen hat. Das ist ja doch auch schon ein Zeichen, dass das Volk sich seine Nahrung da sucht, wo es den richtigen Genuss findet und nichts zu befürchten hat.

Kayser-Nürnberg: Ich möchte mir nur gegen Herrn Professor Holzner zu bemerken erlauben, wenn er sagt, dass in Norddeutschland damit schon experimentirt worden sei, so ist dies doch entschieden ohne Bedeutung. Ja, Herr Professor Holzner, woher wissen Sie denn, dass in Norddeutschland dieses Experiment einen guten Verlauf genommen hat?

Vogel-Memmingen: Ich glaube, wir machen den Strich unter die Rechnung. Ich will nur noch eine kurze Erklärung anknüpfen. Die Gründe, die Sie angeführt haben, sind nicht im Stande, mich zu bekehren. Die Gründe, die hereingezogen worden sind, gehen vorzugsweise vom Gesundheitsstandpunkte aus; dieselben Scrupeln hat man seiner Zeit beim Hopfenschwefeln sich auch gemacht; diese sind verschwunden. Wir sind gestern durch einen interessanten historischen Vortrag darüber orientirt worden, mit welchen Schwierigkeiten man da zu kämpfen gehabt hat. Im Uebrigen muss ich gestehen, dass ich durchaus nicht gesonnen bin, für die Salicylsäure weiter mich zu erwärmen. Ich habe es nur als meine Referentenaufgabe gehalten, hier die Gelegenheit zu benützen und jene brennende Tagesfrage zur Erörterung zu bringen. Sie werden selbst zugeben, dass sich für die Salicylsäure manches pro; aber, das gebe ich Ihnen zu, auch sehr vieles contra sagen lässt. Wägen wir ab; Sie sprechen heute contra, davon bin ich jetzt schon felsenfest überzeugt, und ich bin völlig zufrieden mit dem Bewusstsein, das Beste gewollt zu haben, auch wenn Sie alle miteinander der gegentheiligen Ansicht zuneigen. Eines aber weiss ich ebenso bestimmt: Sie schaffen die Salicylsäurefrage nicht aus der Welt und wenn Sie zehnmal nein sagen — sie wird uns immer wieder beschäftigen, bis die Conservirungsfrage durch sie oder durch die flüssige Kohlensäure oder durch ein anderes Zaubermittel gelöst wird.

Den Herren Rednern will ich nur in einigen allgemeinen Bemerkungen in kürzester Form antworten. Es wurde da von der Reinlichkeit gesprochen, die ich selber den Brauern ja so sehr empfehle. Wenn Brauer kommen und sagen mir, es fehlt da und da, was trägt die Schuld? so suche ich stets die Ursache zuerst in der mangelnden Reinlichkeit und in der Regel ist auch sehr bald geholfen; aber nicht diese Fälle möchte ich in Schutz genommen haben, sondern jene, in welchen trotz vorhandener Reinlichkeit Unglücksfälle vorkommen. Sie dürfen doch nicht glauben, dass da, wo die Reinlichkeit bis zum Excess durchgeführt wird, es kein saures Bier mehr geben kann. Woher ist denn das saure Bier im Hofbräuhaus gekommen? Wer war daran schuld? An Reinlichkeit wird es dort doch gewiss nicht fehlen. Wir wissen, die Gründe waren in den Betriebsstörungen gelegen; also für solche Fälle hätte ich die Salicylsäure in Reserve gestellt. Also nur für den Fall der Noth, so dass die Herren Aerzte immer noch genug Bier ohne Salicylsäure für ihre Kranken finden werden. Im Uebrigen habe ich über diesen Punkt gerade von Seite der Aerzte schon mehr gegentheilige Ansichten gelesen als solche, wie sie heute hier zufällig vertreten werden. Namentlich aber betone ich noch, dass meine Vorschläge die Salicylsäure nicht dem Brauer selbst in die Hand geben, sodass die Befürchtungen eines Missbrauches, wie ich sie auf Grund von Erfahrungen selber am meisten hege, gewiss nicht gegeben sind. Ich würde Sie nun bitten, auf eine weitere Debatte sich nicht mehr einzulassen. Ich erkläre es noch einmal, dass ich es für meine Aufgabe gehalten habe, Ihnen diese Frage vorzulegen, obwohl ich von Anfang an gewusst habe, wie es geht. Jetzt überrascht es mich um so weniger, als heute auch solche Herren den Rückzug antraten, die mir selbst vor einigen Wochen gesagt haben, sie seien mit einer erschwerten Einführung der Salicylsäure einverstanden. Ich berufe mich nur noch den Herren Aerzten gegenüber darauf, dass Herr Geheimrath v. Pettenkofer kein principieller Gegner der Salicylsäure ist, und dass derselbe, wie ich von seinem Assistenten Herrn Dr. Sendtner weiss, namentlich mit der erschwerten Form der Verwendung, wie ich sie vorgeschlagen habe, einverstanden ist. Mehr habe ich der Sache nicht beizufügen. Ich bitte also nach der Erklärung, die Herr College Sendtner abgeben wird, einfach abzustimmen.

Sendtner-München: Ich möchte bemerken, dass ich diese Erklärung des Geheimraths Dr. v. Pettenkofer nur dann erwähnt hätte, wenn die Frage der Beschränkung auf den Export nicht schon durch Herrn Director Aubry zur entsprechenden Erörterung gekommen wäre, sowie ob die Salicylsäure in der Bierbereitung entbehrlich ist oder ob sie absolut nothwendig ist. Nur für den Fall der absoluten Nothwendigkeit gab Herr Geheimrath v. Pettenkofer seine Erklärung dahin ab, dass ein geringer Zusatz gestattet werden möge unter den Beschränkungen, wie sie der Herr Referent gestellt hat. Da aber nach den Mittheilungen des Herrn Director Aubry der Zusatz entbehrlich ist, in vielen Fällen sogar gar nichts nützt, habe ich hier nichts mehr anzufügen. Ich glaube, dass die Frage betreffs der Billigung des Salicylsäurezusatzes überhaupt nun fallen zu lassen sein dürfte.

Aubry-München: Ich habe mich nur gegen einen Seitenhieb, welchen der Herr Referent auf mich zu führen schien, zu vertheidigen. Ich habe gelegentlich einer Privatbesprechung mit Herrn Dr. Vogel, in der er mir die Dringlichkeit und Nothwendigkeit der Salicylsäure im Braugewerbe auseinandersetzte, ganz entschieden erklärt, ich sähe die Nothwendigkeit nicht ein; wenn es aber wirklich dazu kommen sollte, dass Salicylsäure als Zusatz zum Bier gestattet werden würde, so könnte ich meine Stimme hierfür nur dann geben, wenn eine äusserste Beschränkung und amtliche Controle damit verbunden werden würde. Damit ist der mir gemachte Vorwurf doch wohl zurückgewiesen, denn ich habe nicht gesagt, dass ich mit Herrn Dr. Vogel immer, wie er in seinem Referate angeben würde, stimmen wolle. Ich habe mich nur für den Fall zu einer Zulässigkeitserklärung der Salicylsäure bereit erklärt, dass alle möglichen Beschränkungen eintreten.

Vogel-Memmingen: Ich habe die Namen nicht genannt, nomina sunt odiosa, sonst rühren sich auch noch die, die es wirklich angeht. (Heiterkeit.) Ich kann also nur sagen, dass mir von verschiedenen Seiten her die Zusicherung gegeben worden war, dass man für die Verwendung sei.

Halenke-Speyer: Ich habe mich eigentlich auch etwas vom Herrn Referenten getroffen gefühlt. Ich habe übrigens meine Stellung zur Salicylsäurefrage bereits erklärt und habe gesagt, dass ich bereit wäre, unter Umständen dafür zu stimmen, obwohl ich nicht für die Verwendung bin; ich fürchte nur, dass über das, was wir wahrscheinlich heute beschliessen werden, eine grosse Aufregung hervorgerufen werden wird und aus diesem Grunde möchte ich bei der Art der Beschlussfassung den physiologischen Standpunkt genau betont wissen, ungefähr in der Weise: der Zusatz von Salicylsäure zum bayrischen Bier wird so lange als unzulässig erachtet, bis nicht vollständig erwiesen ist, dass die Salicylsäure unter den betreffenden Bedingungen ein vollständig indifferenter Körper ist. Ich möchte Sie ganz besonders bitten, recht genau zu betonen, dass dies der einzige Grund ist, weswegen wir die Verwendung der Salicylsäure ausgeschlossen wissen wollen.

Medicinalrath Egger-Bayreuth: Ich habe nur mein Bedenken aussprechen wollen gegen den Antrag des Herrn Dr. Halenke. Es ist das etwas, was massgebend für den zu erfolgenden Beschluss sein kann. Es hat sich aus der Diskussion ergeben, dass die Verhältnisse der Salicylsäurefrage bei uns in Bayern und in ganz Norddeutschland sehr verschiedener Art sind. Nicht allein die physiologischen Fragen kommen hier in Betracht. Ich glaube aber, dass die sämmtlichen Erwägungen, welche Einfluss auf unsere Abstimmung haben können, aufzuführen nicht nöthig sein wird. Ich erachte es nicht für den Verlauf unserer Debatte zutreffend, dass wir blos ein Moment besonders hervorheben, während doch so viele andere verschiedener Art hinzugetreten sind.

Vorsitzender: Meine Herren, ich kann mich nicht entschliessen, in meiner Eigenschaft als Vorsitzender gerade diese Fassung in der Weise anzunehmen, wie sie Herr College Halenke zur Abstimmung gebracht haben möchte. Wenn wir hier aussprechen, dass wir nicht wissen, wie es mit der Salicylsäure bezüglich der Wirkung aussieht, so sagen wir doch gewissermassen dem grösseren Publikum: wir sind eigentlich dafür oder ein grösserer Theil von uns ist dafür und das ist eben doch nicht so. In meiner Eigenschaft als Vorsitzender habe ich mich eines direkten Eingriffes in unsere Debatte zu enthalten, glaube jedoch bei der Wichtigkeit der Frage berechtigt zu sein, auf Grund meiner gemachten Erfahrungen und Forschungen auch meine Ansicht aussprechen zu sollen. Ich bin unter allen Verhältnissen gegen die Einführung der Salicylsäure in die Brauerei. Die Versuche, welche auf meine Veranlassung mit der Salicylsäureverwendung bei der Malzfabrikation und beim Anstellen der Hefe gemacht wurden, der persönliche Verkehr mit den Vertretern der Praxis, welcher seit einer Reihe von Jahren schon vorhanden ist, haben mich zur Ueberzeugung gebracht, dass die Salicylsäure bei entsprechenden Vorsichtsmassregeln in der Malzfabrikation und beim Anstellen der Hefe benutzt werden könnte. Bringen wir jedoch die Salicylsäure durch diese beschränkte Verwendung in das Braugewerbe, so sind Thür und Thor für deren Verwendung geöffnet und wir werden sicher dieselben dann im Bier, als gewissermassen normalen Bestandtheil, haben, ja wir werden, was das Schlimmste ist, eine Masse Biere zum Consum gebracht sehen, welche, im beginnenden Stadium des Verderbens begriffen, als normale zum Verkaufe gelangen. Ja, wir nützen dem Brauer damit nichts, sondern wir unterstützen gerade die Unreinlichkeit, die Saumseligkeit, Unwissenheit so vieler Kleinbrauer. Sobald eine Spur Salicylsäure in einem Biere gefunden wird, ist dasselbe als gefälscht zu betrachten. Dies war, in diesen wenigen Worten kurz zusammengefasst, und ist noch heute der Standpunkt, den ich als Sachverständiger bisher (auch vor den Schranken des Gerichtes) eingenommen habe. Vielleicht dürfte Sie die Aeusserung eines angeklagten Brauers nach der Gerichtsverhandlung interessiren, welcher aussprach, »ich bezahle meine 500 Mk. Strafe recht gern, ich weiss jetzt, wie ich es zu machen habe, ich wende keine Salicylsäure mehr an.«

Wenn Niemand mehr in dieser Frage das Wort ergreift, so werde ich zur Abstimmung schreiten, da der Herr Referent auch gewissermassen darauf verzichtet hat, worüber ich mich sehr freue.

Vogel-Memmingen: Auf weitere Replik habe ich als unnütz verzichtet; aber ich möchte ausdrücklich betonen: ein pater peccavi habe ich nicht ausgesprochen.

Vorsitzender: Wir haben übrigens gerade unserem Herrn Referenten, wenn wir auch seinen Standpunkt nicht vollständig einnehmen, in hohem Grade zu danken für die mühsame Arbeit, die er übernommen, denn es ist ein Referat der undankbarsten Art gewesen, das müssen wir zugeben. Er wollte das Beste, er wollte Auswege finden, um die Salicylsäure doch hereinzubringen im Interesse der Kleinbrauer und das ist ein Standpunkt, voll von Schwierigkeiten. Ich spreche wohl in Ihrem Sinne, wenn ich diese Danksagung nochmals wiederhole. Ich habe nur noch die Frage zu stellen, hat der Herr Referent etwas dagegen einzuwenden, wenn ich direct abstimmen lasse in der Weise, dass ich sage: Soll die Salicylsäure ins Brauereigewerbe eingeführt werden oder nicht, oder wünscht er eine speciellere Fragestellung, die er noch vorzuschlagen haben würde?

Nach der sich hier anreihenden Diskussion zwischen dem Vor-sitzenden, dem Herrn Referenten, Halenke-Speyer, Merkel-Nürnberg, wobei es sich um Eintreten einer Pause, um nochmalige Diskussion der Verwendung der Salicylsäure beim Anstellen der Hefe, sowie um die Form der Abstimmung handelte, lässt der Vorsitzende über die Resolution abstimmen: »Die Salicylsäure ist als Zusatz zum Biere nicht zu gestatten.« Diese Resolution wird mit allen gegen eine Stimme (Referent) von der Versammlung angenommen.

Pause.

Nachmittagssitzung.

Vorsitzender: Wir setzen unsere Berathungen fort betreffs des Bieres und ich ertheile unserem Herrn Referenten zunächst das Wort zum Referate über Färbemittel.

Vogel-Memmingen: Wir sind nicht ganz so weit, denn wir haben zuvor noch einige sehr wichtige Fragen zu erledigen, für deren weitere Formulirung ich mich jetzt allerdings auf Ihren Standpunkt des Verbotes der Salicylsäure stellen muss.

Ihre Anschauung will die Salicylsäure aus unserem Consumbier ausschliessen. Wenn nun die ganze Berathung einen Sinn haben soll, dann muss daraus für den Gesetzgeber hervorgehen, ob Sie die Salicyl-säure blos verboten haben wollen für das einheimische Bier, oder auch für jede Art Exportbier oder gar für den ganzen Brauereibetrieb. Aus Ihren Mienen entnehme ich, dass das Verbot gelten soll für den ganzen Brauereibetrieb. Ich habe nunmehr nichts mehr dagegen, weil damit ja auch den Herren Grossbrauern das Bene entzogen ist, welches sie zu einer Ausnahmestellung geführt hat.

Wenn Sie nun heute die Salicylsäure aus dem ganzen Brauerei-betrieb entfernen wollen — ob es Gesetzeskraft erhalten wird oder nicht, ist hier gleich — so gebe ich Ihnen nur zu bedenken, dass Sie dies dann auch betreffs der Reinigung der Hefe mit Salicylsäure aus-dehnen, während manche von uns bei Processen ausdrücklich erklärt haben, das könne nicht beanstandet werden. Wir befinden uns hier in einem eigenartigen Widerspruche, bei dem mich nur das eine tröstet, dass alles nur Vorschläge sind ohne Gesetzeskraft.

Ihre Anschauung habe ich nun in dem Satze formulirt: »Eine Nothwendigkeit zur Verwendung der Salicylsäure ist nicht vorhanden! Es ist deshalb die Verwendung von Salicylsäure im Brauereibetriebe nicht zulässig. Und diesen Satz bitte ich zunächst zur Diskussion zu stellen.

Vorsitzender: Es scheint mir am angemessensten, zu sagen: in dem Brauereigewerbe ist die Verwendung der Salicylsäure überhaupt verboten.

Vogel-Memmingen: Ich für meine Person möchte ihre Verwendung bei der Hefe und als Reinigungsmittel aber doch erwähnt wissen, damit nicht die Leute kommen und auf Grund unserer Gutachten sagen: die Chemiker haben gesagt: zum Bier dürfen wir sie nicht verwenden, aber von der Hefe ist keine Rede. Ich möchte das ausdrücklich klar stellen lassen.

Medicinalrath Dr. Egger-Bayreuth: Ich glaube, wir haben uns ausführlich darüber ausgesprochen, was in unserem Kreise auf die Salicylsäure gegeben wird. Ob die Salicylsäure erlaubt oder verboten sein soll, das zu beschliessen sind wir natürlich überhaupt nicht in der Lage, wir geben ja blos unsere Ansichten in Resolutionen kund, was wir Weiteres bei Bereitung des bayrischen Biers ausser den in der Gesetzgebung enthaltenen Mitteln verwendet wissen wollen. Nachdem wir bereits einen Beschluss gefasst haben, halte ich jede weitere Diskussion für unnöthig.

Vogel-Memmingen: Ich möchte das Ansuchen an die Herren Vertreter der Zollbehörde richten, uns mitzutheilen, ob Sie es denn für wünschenswerth halten, dass ein allgemeiner Ausschluss der Salicylsäure ausgesprochen wird. Ich würde meine Anträge darnach richten.

Oberzollinspector Widmann-Nürnberg: So viel ich hier sagen kann, würde ich mit der Fassung des Herrn Referenten schon einverstanden sein, hauptsächlich wenn die Verwendung der Salicylsäure auch vom chemischen Standpunkte aus nicht besonders empfohlen werden kann. Es sollen diese Resolutionen doch nur für einen Gesetzentwurf als Unterlage dienen. Im ersten Satz ist es schon ausgesprochen, was das Bier enthalten darf, folglich ist die Bierbereitung und der Brauereibetrieb ausgeschlossen.

Vorsitzender: Aus diesem Grunde habe ich meinen Vorschlag gemacht. Erweitern wir unsern früheren Beschluss einfach dahin, dass wir sagen: »im Brauereigewerbe ist die Verwendung der Salicylsäure unzulässig«, alle weiteren Einzelheiten sind dadurch gleichzeitig erledigt.

Vogel-Memmingen: Dieser Vorschlag stimmt mit meinem Zusatz überein, nur dass ich statt verboten unzulässig sage.

Vorsitzender: Wir haben also die Resolution: die Verwendung der Salicylsäure bei dem Brauereibetriebe ist nicht zulässig.

Vogel-Memmingen: Ich erkläre mich mit dieser Fassung einverstanden, in der Voraussetzung, dass die fertige Redaction nicht hierunter zu verstehen ist, die kann hier nicht gemacht werden; dazu muss hier noch eine Commission ernannt werden.

Vorsitzender: Wir können uns, denke ich, mit der angegebenen Fassung begnügen, wenn die Herren einverstanden sind. Wenn sich kein Widerspruch erhebt, betrachte ich diese Resolution als angenommen. (Kein Widerspruch.)

Vogel-Memmingen: Wir haben nun noch einen weiteren Ergänzungsvorschlag, den wir nicht übersehen dürfen, nämlich die Frage: darf

Rohrzucker zum Abziehen des Weissbieres verwendet werden, die ja in München seiner Zeit ungeheuer viel Staub aufgewirbelt hat. Ich glaube, weitere Ergänzungen brauche ich zu diesem Satze nicht zu machen. Ich lese gleich die Resolution vor, die ich zur Annahme empfehle: »Da, wo das Weissbier in lebhaft moussirendem Zustand und klar verlangt wird, ist ein Zusatz eines Auffrischungsmittels in Form von Rohrzucker nothwendig.«

Vorsitzender: Ich stelle diese Frage zur Diskussion.

Oberzollinspector Widmann-Nürnberg: Ich halte diese Fassung geradezu für einen Gesetzesvorschlag.

Vogel-Memmingen: Es fragt sich nur, ob die Herren mit meinem Vorschlage einverstanden sind. Es könnte ja Jemand unter uns sein, der sagt, ich halte den Rohrzuckerzusatz für überflüssig.

Schlegel-Nürnberg: Meines Wissens hat in München vor einigen Jahren in dieser Sache ein Process gespielt, welcher diese Frage behandelt hat und das Gericht hat in Folge von Aussagen verschiedener Sachverständiger zu Gunsten des betreffenden Bierbrauers entschieden, und zwar, weil ohne diesen Zusatz die ganze Weissbierbrauerei zu Grunde ginge.

Aubry-München: Erlauben Sie mir einige Worte zur Weissbierfabrication. Es soll damit vorherrschend obergähriges Bier mit Weizenmalzwürze gemeint sein. Es läuft die Gährung ausserordentlich rasch ab. Das Bier soll nachher, nach Verlauf der Hauptgährung — eine Nachgährung soll ja nicht mehr stattfinden oder wenigstens nur in geringerem Massstabe — in Flaschen abgezogen werden und kommt dann auch in Flaschen zum Consumenten. Das ist die Usance in Weissbier trinkenden Ländern. Das Bier wird klar abgefasst, dass es nicht mehr moussirt, und dass es keine Kohlensäure mehr entwickelt. Allein da ist es nun an verschiedenen Orten verschieden. Bei uns speciell in München — ich kann nur von München und dem Gebrauch in München sprechen — verlangt man von einem Weissbier, dass es sehr kräftig schäumt, wenn man es ausgiesst, man verlangt damit also, dass es in der Flasche eine Nachgährung durchgemacht habe und sich ungefähr verhalte wie Champagner im Glase. Eine solche Nachgährung ist absolut nicht möglich, ohne dass ein Auffrischen stattfindet. Ein solches Schäumen kann nur dadurch hervorgebracht werden, dass man vergährungsfähige Substanzen, speciell Zucker, zusetzt, sei es in der Form nicht vergohrener Würze oder von Zucker direct. Es war bisher in Weissbier trinkenden Orten in Bayern Usus, dass die betreffenden Wirthe sich das Bier selbst zurecht machten. Die Wirthe bezogen es in Fässern vom Brauer, zogen es in Flaschen ab und setzten eine sogenannte Speise zu. Diese bestand aus einem Gemisch von einem sehr leichten sauren Weisswein unter Zusatz von Rohrzucker und einem Klärungsmittel, etwa Gelatine, das setzten sie zu und liessen es dann eine Zeit lang stehen. Nachher kam es zum Ausschank. Die Verkaufsverhältnisse haben sich nun anders gestaltet. Es giebt keine Wirthe mehr, die selbst abziehen, sondern sie verlangen vom Brauer, dass er ihnen das Bier schon fertig zum Ausschank liefert und dadurch ist diese Collision mit dem Gesetze gekommen. Der Brauer hat dann dasselbe thun müssen, was solange die Wirthe gethan hatten, nämlich einen Rohrzuckerzusatz zu machen, damit das Weissbier im Ausschank, wie der Münchener sagt, »a Schneid kriegt.« Wenn der Münchener Weissbiertrinker fortfährt, darauf zu beharren, dass sein Weissbier Schneide habe, so ist das angegebene Mittel absolut nicht zu entbehren. Es wird der Zusatz auch nicht durch Würze ersetzt werden können, denn dadurch bekommt man trübes Bier. Man wird sich darüber schlüssig machen müssen, ob man den Münchenern noch länger gestattet solches Weissbier zu trinken und in diesem Falle muss man dem Weissbierbrauer gestatten, diesen Zusatz fort zu verwenden beim Abziehen vom Fasse auf Flaschen. In die Fässer zur Gährung soll kein Rohrzucker kommen. Ich halte von meinem Standpunkte aus diese Verwendung von Rohrzucker als absolut nothwendig.

Vorsitzender: Nach diesen Erörterungen glaube ich in der That, dass wir doch wohl in einer Resolution auf diesen Gegenstand Rücksicht zu nehmen haben und ich glaube immer, dass wir uns zunächst über diese Frage schlüssig zu machen haben werden. Wenn Jemand der Herren das Wort in dieser Angelegenheit wünscht, so bitte ich es zu sagen, wenn das nicht der Fall ist, darf ich vielleicht den Herrn Referenten nochmal bitten, die Fassung zur Verlesung zu bringen, ehe wir abstimmen.

Vogel-Memmingen: »Da, wo das Weissbier in lebhaft moussirendem Zustand und klar verlangt wird, ist ein Zusatz eines Auffrischungsmittels in Form von Rohrzucker nothwendig.«

Kayser-Nürnberg: Mir scheint diese Fassung nicht präcise genug zu sein. Weissbier wird in verschiedenen Gegenden consumirt und fabricirt, wo dies nicht der Fall ist. Ich habe als Jenenser Student Lichtenheiner und Ziegenheiner Weissbier sehr oft getrunken, und zwar bekam man es dort direct aus dem Fasse, ohne dass Rohrzucker zugesetzt worden wäre. Es enthielte der Vorschlag des Herrn Referenten also eine gewisse Beschränkung und müsste auf die bayerischen Verhältnisse präcisirt werden — bei Weissbier im Allgemeinen würde er zu weit gehen. Man müsste, meiner Meinung nach, zum Ausdruck bringen, dass bei Weissbier, welches nicht in Flaschen verschänkt wird, ein Zuckerzusatz nicht nothwendig sei.

Vogel-Memmingen: Da wird der moussirende Zustand, die Schneide, nicht verlangt.

Kayser-Nürnberg: Gleichviel. Man müsste einfügen: »in Flaschen.«

Vorsitzender: Dann wäre etwa blos der Zusatz zu machen: »Das Weissbier in Flaschen.«

Vogel-Memmingen: »Wo das Weissbier in Flaschen in lebhaft moussirendem Zustande und klar verlangt wird, ist ein Zusatz eines Auffrischungsmittels in Form von Rohrzucker nothwendig.«

Vorsitzender: Ich glaube, wir können uns diesen Zusatz aneignen. Ich ersuche diejenigen Herren, welche dafür sind, sich zu erheben. (Geschieht.) Die Resolution ist angenommen. Nun kommen wir zur Frage der Färbungsmittel, speciell zu der sog. Couleurfrage. Darf ich den Herrn Referenten bitten, auch hier seine Vorschläge zu machen?

Vogel-Memmingen: Ich habe mich bereits Vormittags über die **Färbemittel** geäussert und stosse wohl darin auf keinen Widerspruch, wenn ich behaupte, dass trotz Farbmalz Fälle vorkommen können, wo eine nachträgliche Färbung stattfinden muss, thatsächlich wünschenswerth wäre und nothwendig erscheint, weil der Brauer sonst sein Bier nicht verkaufen kann, oder er erleidet thatsächlich eine geschäftliche Einbusse. Wir können nun nicht mehr nachfärben mit Farbmalz, wohl aber können wir nachfärben mit Couleur oder Farbbier. Da, wo einem Brauer Farbbier zu Gebote steht, wird gar nichts einfacher sein, als von vorne herein das Farbbier zuzusetzen, damit die gewünschte Farbe erzielt wird. Es giebt auch Fälle für die Brauer, wo das nicht möglich ist, deswegen, weil wir hier in Bayern für Farbbier eine Lieferungsstelle nicht haben. Wenn wir eine solche erreichen könnten, dann könnten wir die Couleur, die ja auch Schattenseiten hat, fallen lassen. Vielleicht wäre es nun in's Auge zu fassen, ob eine solche Bezugsquelle zu errichten möglich wäre, welche unter amtlicher Controlle steht, und ich bitte die betreffenden Herren, sich darüber zu äussern, ehe ich meine Resolution direkt verlese.

Vorsitzender: Ich wollte mir bei dieser Gelegenheit an die in unserem Kreise befindlichen verehrten Herrn Vertreter des Finanzministeriums eine Frage zu richten erlauben. Ich habe auf Grund meiner Erfahrungen wiederholt ausgesprochen, dass ich entschieden für Biercouleur eintrete, aus dem Grunde, weil das sogenannte Farbbier, welches verkauft wird und welches der Kleinbrauer bekommt, sich oft in einem jämmerlichen Zustande befindet, so dass oft durch das Farbbier viel grösseres Unheil angestiftet wird als durch die Couleur. Ich bin mir allerdings bewusst, meine Herren, dass unter dem Namen: Biercouleur ganz merkwürdige Flüssigkeiten vorkommen, reich an Zucker, an Mineralbestandtheilen und allem Möglichen. Ich untersuchte, als ich noch nicht an die Bierprocesse dachte, mehrere solcher Biercouleure und habe in ihnen nicht blos 1 $\frac{0}{0}$, sondern mehr als 10 $\frac{0}{0}$ mineralische Bestandtheile nachgewiesen. Da fand sich Pottasche, da war Soda zugesetzt und mehr dergleichen. Wir haben also die Gefahr, dass wir durch die Biercouleur eine Menge von Substanzen in das Bier bekommen können, welche nicht hineingehören. Ich kann mich also nicht begeistern für die Verwendung von Biercouleur, aber auch andererseits nicht für diejenige von Farbmalz und Farbbieren. Das Farbmalz wird eben in den wenigsten Brauereien richtig gemacht und so wirkt es in dem Biere in ganz merkwürdiger Weise; der Brauer verdirbt sich oft sein Bier sogar durch das Farbmalz. Das schicke ich voraus, um meinen Standpunkt zu fixiren. Ich will nicht eingehen auf die Frage: »was ist Farbmalz und was ist Biercouleur?« das ist, glaube ich, oft genug erörtert, aber die Frage, die ich mir nun auszusprechen erlaube, bezieht sich darauf, ob die Möglichkeit nicht vorhanden wäre, dass von Seiten des Staates die Fabrication eines geeigneten Farbbieres übernommen werden könnte, so dass dadurch eine Garantie für die Qualität erreicht werden könnte; dann wäre ich selbstverständlich bereit, die Biercouleur in den Hintergrund treten zu lassen und zu erklären: es ist nur mit Farbbier dann zu färben. Ich wäre sehr dankbar, irgend eine dahinzielende Aeusserung zu vernehmen.

Oberzollrath Geiger-München: Die Frage, welche der Herr Vorsitzende an uns gerichtet hat, ist sehr schwer zu beantworten. Ich kann mich nicht für ermächtigt halten, in dieser Beziehung eine bestimmte Erklärung, insbesondere in bejahendem Sinne, zu geben. Es ist ja bekannt, dass schon das Hofbrauhaus viel angefeindet wird von interessirten Kreisen, wenn also dann noch diese weitere Fabrication der Farbbiere vom Staate übernommen würde, so könnten die Anfeindungen einen grossen Umfang erreichen, jedenfalls aber müsste der Staat Verpflichtungen übernehmen, die meines Erachtens sehr weit gehen würden; ich halte mich sonach nicht für ermächtigt, irgend eine bestimmte Erklärung abgeben zu können.

Kämmerer-Nürnberg: Ich glaube, es dürfte wohl genügen, wenn von Seiten einer gewählten Commission Normen ausgearbeitet würden, wie ein richtiges Farbbier beschaffen sein muss und wenn man diese Vorschläge der Königl. Regierung geben würde, damit sie als Grundlage zu den eventuell zu treffenden gesetzlichen Bestimmungen dienen; dann würden wir, glaube ich, allen Ansprüchen genügen, ohne dass wir zum verzweifelten Mittel der Biercouleur greifen müssten, gegen die ich ganz entschieden bin, weil unter dem Namen Biercouleur die allerscheusslichsten Präparate verkauft werden, die zum Theil mit ekelhaften Gerüchen behaftet sind, theilweise auch nicht die Zwecke erfüllen, welche sie erfüllen sollten, manchmal auch sehr viele Procente Salz enthalten, was zu bezeugen ich in der Lage bin, da ich die Gelegenheit hatte, derartige Producte zu untersuchen. Ein solches Zeug, eine solche Biercouleur wird beim Zusatz eine Trübung verursachen. In der That liegen hier bei den Gerichtsacten Documente vor, welche beweisen, dass sehr angesehene hiesige Brauer, die ihrem Bier Couleur zugesetzt hatten, genöthigt wurden, dasselbe wegzugiessen, weil es trübe wurde und es nicht mehr gelang, dasselbe zu klären. Ich glaube demnach, es wird nur einer solchen Norm bedürfen, um die Frage zu regeln, wie das Farbbier beschaffen sein muss, ohne dass der Staat für die Qualität des Farbbieres direct eintreten müsste. Ich möchte den Vorschlag der Diskussion unterbreiten.

Kayser-Nürnberg: Ich möchte bezüglich der Biercouleur noch bemerken, dass zur Herstellung derselben in der That ganz geringgradige Materialien, wie Abfälle bei der Stärkefabrication, benutzt werden. Stärkezucker, der bekanntlich durch die Behandlung von Stärke mit Säuren erhalten wird, welche letzteren dann mit Kalk neutralisirt zu werden pflegen, ist wohl ausnahmslos zur Zeit das Material zur Herstellung der Biercouleur. Dann kommt noch Pottasche oder Soda dazu, die ganze Geschichte wird erhitzt und man bekommt ein Product, welches mit der Zusammensetzung einer wirklichen Zuckercouleur garnichts, oder doch nur sehr wenig gemein hat. Ich kann ferner auch die Angaben des Herrn Vorredners bestätigen, dass derartige Producte oft nicht geeignet sind, das Bier dunkel zu färben, sie bewirken oft nur eine dauernde und irreparable Trübung des Bieres. Etwas anderes wird es aber sein, wenn wir die Verwendung von wirklicher Zuckercouleur, die aus Rohrzucker dargestellt wurde, eintreten lassen. Die Verwendung von Farbmalz hat auch ihre grossen Bedenken; sind doch die Veränderungen, welche die Bestandtheile des Malzes in ihm erlitten haben, nicht einmal genauer bekannt. Die Schmeck- und Riechstoffe, die durch das Rösten entstehen, sind auch meist nicht angenehmer Art. Man schmeckt das Farbmalz auch bei den dunklen Bieren heraus, die man, besonders in Norddeutschland, als bayerische Biere consumirt. Der Geschmack derartiger Biere ist ein ganz anderer, als wie wir ihn kennen; es ist ein kratzend bitterlicher, unangenehmer Geschmack. Wenn man eine gute Rohrzuckercouleur an Stelle des Farbmalzes verwenden könnte, so würde dadurch die Qualität des Bieres gewiss nicht schädlich beeinflusst werden. Beurtheilen wir die Sache nun vom technischen Standpunkte. Wollen wir sagen: Der Verwendung von Rohrzucker im Gegensatz zum Farbmalz steht nichts entgegen; sie sei im Gegentheil zu bevorzugen; so halte ich das nicht für thunlich, der Präcedenzfälle auf anderen Gebieten wegen. Es liesse sich das auch nur ausführen, wenn der Staat die Sache in die Hand nehmen würde; dann wäre die Garantie für die richtige Herstellung des Productes gegeben, und besonders auch würde ein Aequivalent für die das Farbmalz treffende Steuer leicht geschaffen werden können. Inwieweit derartige Vorschläge durchführbar oder opportun sind, können wir, wenigstens zur Zeit, nicht übersehen. Wir müssen uns einstweilen auf die Erklärung beschränken, dass eine gute, aus Rohrzucker hergestellte Zuckercouleur ohne technische Bedenken zum Färben des Bieres angewendet werden kann.

Vogel-Memmingen: Herr College Kayser hat mir bereits das weggenommen, was ich meinen Vorschlägen noch hinzufügen wollte. Ehe ich aber dieselben Ihnen zur Annahme vorschlage, möchte ich doch auf die Ausführungen des Herrn Professors Kämmerer noch etwas eingehen. Einem Vorschlag, wie er ihn zunächst gemacht hat, möchte ich doch zunächst nicht zustimmen, weil sich sonst die Sache zu weit hinausziehen dürfte, obwohl ich sonst vollständig mit ihm einverstanden bin. Am liebsten wäre es mir, wenn eine Gesellschaft vom Staate ermächtigt wäre, Farbbier herzustellen. Diese Gesellschaft kann ja einer strengen Controle unterstellt werden. Unser zweiter Satz geht ja dahin, dass Couleur nur aus Rohrzucker herzustellen sei und damit fallen von selbst ja alle Bedenken ohne Ausnahme, welche Herr Professor Kämmerer gegen Couleur aus anderen Stoffen erhoben hat. Mein Vorschlag lautet nun: »Im Princip soll daran festgehalten werden, dass beim Würzekochen nur Farbmalz zum Färben verwendet wird. Erweist sich trotzdem später der Sud als zu hell, so kann Farbbier oder Couleur dem fertigen Bier zugesetzt werden. Die Couleur hat der Staat gegen eine Steuer zu liefern. Dieselbe darf nur aus Rohrzucker dargestellt werden.«

Vorsitzender: Ich eröffne zunächst hierüber die Diskussion.

Vogel-Memmingen: Ich möchte nur, dass es von unserer Seite nicht als direkter Vorschlag, sondern mehr als Wunsch zum Ausdruck kommt, dass die Couleur vom Staate besteuert und von ihm geliefert wird und zwar aus Rohrzucker bereitet.

Kämmerer-Nürnberg: Von den bisherigen Rednern wurde vorausgesetzt oder gesagt, als ob das Farbbier unter allen Umständen etwas schädliches wäre oder unter allen Umständen mit einem harten, unangenehmen, üblen Geschmack behaftet sei, indem das doch nur dann der Fall ist, wenn schlechtes Farbbier benutzt wird. Ich hatte die Gelegenheit, Farbmalz und Farbbiere, die weder mit dem einen noch dem andern Fehler behaftet waren, zu untersuchen und habe sie nicht als schlecht befunden; es erscheint also keineswegs unmöglich, das Farbmalz oder Farbbier so herzustellen, dass sie die Eigenschaften des Bieres nicht zum Schlechteren beeinflussen; man kann hingegen das Bier in seiner Qualität mit Farbmalz in der That gerade ebenso gut färben als mit Couleur; warum sollen wir die Biercouleur einführen, da sonach ein wirkliches Bedürfniss dafür nicht vorliegt? Es giebt Leute, die sehr unerfahren in der Verwendung der Couleur vorgehen, es geht mit Biercouleur wie mit der Salicylsäure, es ist sodann doch kein Grund dafür vorhanden, die Gesetzgebung zu ändern. Wenn man die Couleur einmal gestattet, so wird übrigens der gute Ruf des bayrischen Bieres doch einigermassen beschränkt werden und die Concurrenz wird sich dieses Umstandes bemächtigen. Statt Nutzen gestiftet zu haben, würde man etwas Neues entstehen haben lassen, das uns bedenkliche Schäden zufügen könnte. Schon aus diesem Grunde wäre ich dafür, dass wir die Biercouleur nicht empfehlen.

Aubry-München: Es ist thatsächlich für den Brauer ausserordentlich schwierig, namentlich die dunklen Biere sofort zu erzeugen, welche verlangt werden, besonders im Norden, wo man gewöhnt ist, unser bayrisches Bier als dunkles Bier zu trinken. Mit einem guten, nicht übermässig gerösteten Malz lässt sich das nicht erzeugen. Wenngleich es Farbmalze giebt, welche nicht verbrannt sind und eine ausserordentlich intensive Färbekraft und die Eigenschaft haben, das Bier nachträglich nicht zu trüben, so ist deren Verwendung zum nachträglichen Färben unmöglich. Es wäre allerdings in misslichen Fällen angezeigt, ein Färbemittel zu besitzen, welches, in geringer Menge zugesetzt, dem Bier die gewünschte Farbe verleiht. Nun ist das Mittel in der Form von Couleur ausserordentlich bequem, aber es hat seine grossen Nachtheile, weil Couleur in der That meist ein zweifelhaftes Product ist. Ich würde vom Standpunkt des rationellen Brauers aus das Farbbier dem Farbmalz vorziehen. Mit dem Ueberschuss von Farbmalz in grösseren Brauereien lässt sich schon Farbbier je nach Bedarf herstellen. Ich glaube, diesem kann nichts im Wege stehen. Ich erwähne den Fall mit dem Farbmalz ganz besonders. Es giebt Farbmalze, welche so vorzüglich sind, dass sie dieselbe Auflösekraft besitzen, wie sie nur ein gewöhnliches, stark geröstetes Malz besitzen kann. Es wird der Wunsch nach dem bayerischen Bier mit dunkler Färbung im Norden wie auch im Auslande immer reger; so wurde mir beiläufig kürzlich von Holland die Kunde, dass auch dort immer mehr bayerisches Bier verlangt wird und die dortigen Brauer, welche bayerisches Bier fabricirt haben, sehen sich veranlasst, grosse Quantitäten von Farbmalz zu verwenden. Da das Bier immer schlecht aussah, suchten sie dem abzuhelfen, dass sie von England sogenanntes Röstmalz bezogen und von dort her geliefert erhielten und das sie unter Zusatz von einem gewissen Antheil ihres eignen Malzes verbrauten und vergähren liessen. Die erzielten Resultate waren nun so ausserordentlich günstige, dass der Gehalt dem des andern Bieres gar nichts nachgab. Mit diesem verschnitten sie ihr anderes Bier und erzeugten damit ihre vom Consumenten gewünschten bayerischen Biere. Ich glaube, es liesse sich auch die Verbesserung der Farbmalzfabricate erreichen und es müsste der Umweg der Gestattung von Couleur nicht genommen werden. Man könnte fortan beim Farbmalz verbleiben. Indess, wenn die Möglichkeit vorhanden ist, ein gutes Fabricat von Biercouleur zu erhalten, und es würde eben sonst nichts weiter im Wege stehen, so würde diese sicher gegenüber dem schlechten Farbbier und der schlechten Couleur den Vorzug verdienen und erhalten. Wir hören häufig von bitterem Bier sprechen, glauben dabei an Hopfen-Surrogate, Alkaloide, Weidenrinde u. s. w., die darin sein müssen, während von dem Allem gar nichts vorhanden ist. Die Ursache ist ein schlechtes Farbmalz. Meine Herren! Wenn der Brauer schlechtes Farbmalz verwendet, so bekommt er sofort einen eigenthümlichen Geschmack in das betreffende Bier und der Brauer, der solches verwendet, schädigt sich selbst; also schlechtes Farbmalz müsste absolut ausgeschlossen werden.

Halenke-Speyer: Sie verstehen, meine Herren, warum ich der Biercouleur gegenüber dem Farbmalz den Vorzug gegeben habe. Ich meine natürlich nur Couleur aus gutem Material und von gutem Farbmalz dargestellt; das andere wollte ich ausgeschlossen wissen. Nachdem ich heute erfahren habe, was mir neu war, dass man ganz gut in der Lage ist, derartiges Farbbier herstellen zu können, das all den Anforderungen, die man in dieser Beziehung an die Couleur stellt, gerecht wird, sehe ich keinen Grund mehr, die Couleur einzuführen. Es ist geltend gemacht worden, dass dieses Farbmalz sehr schlecht sei, ja aber wenn der Brauer schlechten Hopfen, schlechtes Malz kauft und verwendet, dann bekommt er eben schlechtes Bier und wir verurtheilen ihn. Nachdem ich aber gehört habe, dass man wirklich aus gewöhnlichem Malz wirklich gutes Farbmalz constant herstellen kann, dürfen wir auch die Anforderung machen, dass die Bierbrauer auf derartiges reines Farbmalz sehen. Es ist also kein Grund vorhanden, Biercouleur zu verwenden, umsomehr, als durch die Verwendung der Biercouleur das Ansehen des bayerischen Bieres sicher nicht gefördert wird.

Medicinalrath Egger-Bayreuth: Ich meine, es dürfte uns auch vom sanitären Standpunkte nicht gleichgültig sein, welches Färbemittel angewendet wird. So wie andererseits gutes Bier nur herzustellen ist bei Anwendung guten Materials, so müssen wir auch den Wunsch haben, dass Färbemittel auch nur aus gutem Färbemalz dargestellt zur Verwendung kommen. Wir wissen, dass man bei dem, was man Biercouleur nennt, so verdächtige Dinge zur Anwendung bringt; wir wissen andererseits, dass uns für die Erfüllung des Wunsches, der Staat möge die Couleurfabrikation in die Hand nehmen oder doch beaufsichtigen, kaum eine Aussicht vorhanden ist, also sind wir von vornherein darauf hingedrängt, zu wünschen, dass die Fabrikation des Farbmalzes sich verbessere, dass wir aber uns deswegen noch nicht in das gefährliche Fahrwasser der Couleurverwendung begeben dürfen, sondern sie als bedenklich, — wie wir die Salicylsäure unter Umständen als gefährlich bezeichnen müssen.

Aubry-München: Ich möchte dem gegenüber nur aussprechen, dass mir eine Couleur von guter Qualität als nicht bedenklich erscheint. Ich möchte nun nicht gerne haben, dass wir geradezu gegen die Couleur ins Feld ziehen. Wenn es möglich wäre, eine gute Couleur zu erzeugen, so böten sich besondere Vortheile für Kleinbrauer. Ich stelle mich jetzt sogar auf den Standpunkt der ganz kleinen Brauer, die sich nicht selbst Farbmalz darstellen können, weil sich das für sie nicht rentirt. Diese müssen also vielleicht an eine andere Brauerei oder Farbbierfabrik sich wenden und erhalten so unter Umständen ein mittelmässiges, ja vielleicht sogar zweifelhaftes Produkt. Ich glaube allerdings, solche Brauer könnten von ihren Consumenten gezwungen werden, sich gutes Farbbier selber herzustellen, d. h. da, wo Nachfrage nach dunklen Bieren gestellt wird.

Medicinalrath Egger Bayreuth: Ich möchte mir nur noch anzufügen erlauben, dass wir gar nicht in der Lage sind, hier bindende Beschlüsse zu fassen. Wenn wir uns aber dazu verstehen, Couleur zu empfehlen, so kommen wir von einer Calamität in die andere, und zwar dadurch, dass wir trotz aller Cautelen uns doch nicht sicher stellen können. Wir haben mit dem Ausgesprochenen die Sache klar gelegt, so weit sie in wissenschaftlicher Weise jetzt klar gelegt werden kann; wenn wir aber Mittel als zulässig erklären wollten, die uns, so wie sie uns begegnen, höchst bedenklich erscheinen, dann würden die Leute sagen: sie haben halt doch nichts dagegen sagen können. Unsere Aufgabe dürfte nur die sein, die Bedenken, welche gegen die Couleur bestehen, vorne hinzustellen und uns vor der Hand an das Farbmalz zu halten.

Halenke-Speyer: Wenn wir heute die Biercouleur ausschliessen, so werden wir, unbewusst vielleicht, auf die Darstellung besserer Farbpräparate hinarbeiten, die ja herzustellen möglich sind, das wissen wir jetzt.

Kämmerer-Nürnberg: Ich glaube, dass die Folgen eines solchen Beschlusses die sein werden, dass wir eine oder mehrere Fabriken bekommen, welche uns ein gutes Farbbier auf den Markt bringen, dadurch wird die Frage am besten erledigt, und zwar in einer Weise, die allen nur erwünscht sein kann.

Vorsitzender: Meine Herren, ich glaube, im Sinne meiner Collegen zu sprechen, wenn ich betone, dass es für den Chemiker sehr schwer ist, gegenüber dem Sachverständigen in dieser Richtung Stellung zu nehmen; denn wenn mich der Richter fragt, wenn ich auf meinen Eid gefragt werde, ob ich constatiren könne, ob Farbmalz oder Biercouleur, auf richtige Weise hergestellt, dem Biere zugesetzt sei, so muss ich die Frage verneinen. Ich kann es nicht bejahen. Farbmalz ist ja in der That nichts anderes, als ein Compositum von so und so viel unbekannten Körpern. Wir können das Vorhandensein von Biercouleur im Biere nicht nachweisen. Auf Grund unserer Erfahrungen müssen wir bekennen: es ist kein Unterschied zwischen guter Zuckercouleur und Farbmalz. Ich muss offen gestehen, mir wäre es am liebsten, wir liessen die Frage völlig fallen, äussern uns gar nicht oder wir beschränken uns darauf, dass wir sagen: es ist nicht wünschenswerth, dass die Biercouleur zur Einführung gelange, oder aber, es ist wünschenswerth, dass die Farbbierfabrication in entsprechender Weise gefördert werde, zur Annahme einer bestimmten Resolution kann ich mich nicht entschliessen.

Kellermann-Wunsiedel: Ich glaube, dass wir bezüglich der Biercouleur keine andere Stellung einzunehmen haben, als wie wir sie der Salicylsäure gegenüber eingenommen haben, als diese verwendet werden sollte zum Waschen der Hefe. Da müssen wir auch sagen, wenn es in der richtigen Weise gemacht wird, bleibt keine Salicylsäure zurück. Also nicht aus technischen oder chemischen Gründen haben wir gesagt, wir sollen sie dem Brauer nicht in die Hand geben, sondern nur weil wir einen Missbrauch verhüten wollten. Wir können keinen Grund angeben etwa dafür, dass das Waschen der Hefe mit Salicylsäure nachtheilig sei, oder das Waschen des Malzes, denn wir wissen das nicht. Aber bei der Biercouleur ist das noch schlimmer; wir wissen, dass dadurch allerlei Schweinereien hineinkommen; das müssen wir aber verhüten, da müssen wir erst recht tabula rasa machen.

Medicinalrath Egger-Bayreuth: Ich glaube, wenn wir den Drücker in die Hand nehmen, den uns Herr Professor Kämmerer in die Hand gegeben hat, so kommen wir über die Frage ganz gut hinaus: Es soll einer Commission die Couleurfrage überwiesen werden. Das Eine manifestirt sich jetzt, dass es nicht möglich sei, eine befriedigende Antwort zu geben. Wir müssen der weiteren Entwicklung der Sache Raum geben.

Vorsitzender: Ich kann auch nur zu diesem Ausweg rathen: Vergleichen Sie die Sache nicht mit der Salicylsäure, es handelt sich hier um eine ganz andere Frage. Die Salicylsäure ist ein fremder Bestandtheil, aber das ist nicht für die Biercouleur erwiesen. Wir haben sie ausgeschlossen, wollten sie auch nicht in die Malzfabrication her-

einbringen, damit sie nicht unter Umständen in das Bier komme. Bei
Biercouleur ist es anders; die kommt eben in das Bier und doch
können wir sie nicht nachweisen; wir können auch keine Controle ausüben. So glaube ich, dass wir uns ihr gegenüber nicht anders, als wie
vorgeschlagen ist, verhalten können.

Kayser-Nürnberg: Meine Herren! Ich glaube das Gehörte kurz
so recapituliren zu können, dass technische Gründe gegen die Verwendung von Rohrzuckercouleur nicht sprechen. Wir haben weder die
Möglichkeit, einen Nachweis dieser Couleur liefern zu können, noch
kennen wir die Unterschiede zwischen den färbenden Bestandtheilen
dieser und des gerösteten Malzes eingehend genug. Ich würde mich
dem Farbmalze gegenüber zu Gunsten der Rohrzuckercouleur aussprechen. Ich glaube auch nicht, dass neue Gesichtspunkte auftreten
werden, die gegen die Verwendung derselben sprechen würden. Aus
allgemeinen Erwägungen jedoch schliesse ich mich dem Antrage des
Herrn Professor Kämmerer an, die Sache an eine Commission zu
verweisen, welche dieselbe gründlich vorzubereiten hat.

Vogel-Memmingen: Es ist das Beste, jetzt wieder zum Rückzug
zu blasen; aber ich möchte doch wenigstens Eines retten, nämlich, dass
wir constatiren, dass die technischen Erörterungen sich nicht gegen
die Verwendung der Couleur ausgesprochen haben und im Uebrigen
empfehle ich jetzt auch, die Sache an eine Commission zu überweisen.

Vorsitzender: Ich bitte die Herren, sich zu diesem Antrag
zu äussern.

Kayser-Nürnberg: Ich erlaube mir, folgende Resolution vorzuschlagen: Wenngleich aus technischen Erwägungen eine
Beanstandung gegen gut hergestellte Biercouleur nicht
besteht, so ist die Versammlung aus anderen Erwägungen
dennoch der Ansicht, dass zur Erledigung dieser Angelegenheit dieselbe einer Commission zur weiteren Bearbeitung
überwiesen werden soll.

Vorsitzender: Mir wäre es auch lieber, wir behandelten die
Sache heute nicht weiter. Ich bitte die Herren, sich hierüber schlüssig
zu machen. Wer also dafür ist, dass diese Frage bezüglich der Bier-
färbung aus dem oben erwähnten Grunde einer Commission überwiesen
wird, möge sich erheben. Angenommen. — Wir haben uns jetzt
noch mit den **Klärungsmitteln** des Bieres zu beschäftigen, die uns
nicht lange in Anspruch nehmen werden.

Vogel-Memmingen: Würden die Herren es nicht für wünschenswerth halten, dass wir uns noch über die Verwendung von flüssiger
Kohlensäure aussprechen? Für mich ist es selbstverständlich, dass
flüssige Kohlensäure verwendet werden darf. (Kein Widerspruch.) Zum
Klären der Würze und des Bieres dürfen in Anwendung kommen:
    1. Filtrirapparate,
    2. gut ausgesottene Haselnuss- und Buchenspäne,

3. Hausenblase (Raja clavata) und gutes Gelatine,
4. Aufkräussen sowohl zur Klärung als zur Wiederbelebung alter aber unverdorbener Biere.

Es empfiehlt sich, dass der Brauer die Klärmittel selbst löst. Raja clavata ist ein Klärmittel, das wirklich gut zu brauchen ist, aber einen kleinen Zusatz von Weinsäure erfordert, welcher so verschwindend klein ist, dass ihn der Richter nicht beanstandet, dass er also für die Bierproduction überhaupt nicht in Frage kommt. Ich habe einen Fall in Memmingen gehabt, wo von einer hiesigen Firma Raja clavata geliefert wurde, die war ganz gut und wurde vom Staatsanwalt aufgegriffen, dann vom Amtsgericht auf mein Gutachten hin freigesprochen, darauf wurde die Verhandlung vom Staatsanwalt wiederholt aufgenommen, dann aber auch in zweiter Instanz freigesprochen. Bei den jetzt schwebenden Processen wurde sie ganz ausser Acht gelassen, ebenso Gelatine. Und dennoch sind auch hier wieder Bedenken bei Richtern möglich. Es giebt nämlich sehr verschiedene Gelatine; darum möchte ich ausdrücklich hervorheben »Primawaare«, principiell können wir nur gute Gelatine erwähnen. Thatsächliche Erfolge hat der Brauer entweder nur mit Hausenblase, mit Raja clavata, oder den Spänen aufzuweisen; Gelatine für sich allein ist durchaus nicht so wirksam; Kohle brauchen wir nicht einzusetzen, die wird nicht mehr angewendet. Ueber die salicylirten Klärmittel habe ich mich schon im Vormittag ausgesprochen.

Aubry-München: Ich möchte mich dem Vorschlage des Herrn Referenten anschliessen, dass die Herren zugeben möchten, dass Gelatine verwendet werden dürfe, möchte aber keine Vorschrift gemacht wissen. Das empfiehlt sich ja von selbst, dass der Brauer nur gute, beste Qualität verwendet, denn wenn er z. B. schlechten Leim verwendet, dann wird das Bier einen Leimgeschmack bekommen und das wird sich ja von selbst verbieten. Nun möchte ich aber darauf aufmerksam machen, dass, wenn Herr Dr. Vogel bemerkt, dass Gelatine als Klärmittel nicht wirksam sei, thatsächlich Gelatine nicht blos ein in der Bierfabrication bei uns, sondern besonders in Oesterreich in ausgedehntestem Massstab verwendetes Klärungsmittel ist, es wird auch der theueren Hausenblase allenthalben vorgezogen, ohne dass es erfahrungsgemäss als schlechtes Klärungsmittel gilt; allerdings ist Gelatine in aufgelöstem Zustande etwas leichter zersetzbar als die Hausenblase; Hausenblase behält ihre Klärungswirkung viel länger als Gelatine, sie fault nicht so leicht, aber recht häufig ist Gelatine in grossem Massstabe zur Klärung von Fruchtsäften u. s. w. verwendet. Die Klärwirkung ist ähnlich, wenn auch nicht so intensiv als die anderer Körper, aber doch keine schlechte. Ich muss Gelatine als Klärmittel empfehlen.

Kämmerer-Nürnberg: Ich wollte mir die Bemerkung erlauben, dass Gelatine in Essig gelöst wird, bevor sie dem Bier zugesetzt wird; ich habe ein Bierklärungsmittel, welches von einem hiesigen Kaufmann hergestellt, an die Bierbrauer verkauft wird, zur Untersuchung bekommen, in diesem war die angewendete Leimsorte keineswegs eine sehr gute, denn die Leimproducte, aus denen der Kaufmann das Klärmittel hergestellt hatte, erwiesen sich von sehr geringer Qualität, was sich schon durch die braune Farbe zu erkennen gab. Dann glaube ich nicht, dass ohne den Zusatz von irgend einer Säure sich Gelatine oder Leim als Klärmittel herstellen lassen. Es scheint mir nicht gleichgültig, ob Essigsäure, Weinsäure in's Bier gelangt oder nicht, die Bierpantscherprocesse ergaben, dass die Brauer Weinsäure in grossen Mengen bezogen unter dem Vorwand, sie bei den Klärmitteln zu verwenden. Sie setzten Weinsäure zu, um dem faden Bier einen pikanten Geschmack zu geben. Ich halte daher die Weinsäure in der Hand des Bierbrauers nicht für so ganz unbedenklich. Dann möchte ich bemerken, dass mir erst vor einigen Wochen ein grosses Packet weisser Thon vom Landgericht zugestellt wurde, der bei einem Brauer auf dem Lande gefunden wurde und es liess sich kein anderer Gebrauch denn als Klärmittel herausstellen. Wir müssen deshalb auch aussprechen, in wieweit Kaolin als Klärungsmittel tauglich erklärt wird oder nicht.

Vogel-Memmingen: Ich möchte mich zunächst betreffs der Gelatine rechtfertigen und zwar dem Herrn Director Aubry gegenüber. Meine Bedenken richten sich dahin, dass Gelatine thatsächlich nicht vollständig herausfällt und einen kleinen Rückstand zurücklässt, der dem Bier einen üblen Geschmack verleiht, aber wie gesagt, bei guter Gelatine habe ich kein Bedenken. Was ihre gerühmte Verwendung in Oesterreich betrifft, so wird sie dort meist gleichzeitig mit Tannin verwendet. Was die Frage des Herrn Professor Kämmerer betrifft, welchen Zweck der Zusatz von Säuren zu Raja clavata haben solle, so lässt er sich dahin definiren, dass das Gelatiniren dieser Klärmittel verhindert werden soll, diese werden nämlich sonst wieder gallertartig. Die Säure dient also als Lösungsmittel. Ich habe bei einem Process, wo ich die Sache zum ersten Male in der Hand hatte, berechnet, dass in 1 l Bier 1 mg Weinsäure kommen. Dass dieses Quantum nicht beitragen kann zur Besserung des Geschmackes, ist selbstverständlich. Weinsäure zum Auflösen der Klärmittel oder Essigsäure oder Säuren überhaupt in irgend einer Form sind nicht zu umgehen; mit ihrem Ausschlusse verbieten wir einfach die Klärmittel überhaupt; solche Auflösungsmittel muss der Brauer haben. Der Thon des Herrn Professor Kämmerer ist ein so schlechtes Klärungsmittel, dass ich der Ansicht bin, dass wir uns deshalb wohl hüten, ihn zu empfehlen. Der Brauer wird mit dem Thon so wie so sehr üble Erfahrungen machen, wenn er ihn in der Brauerei verwendet.

Aubry-München: Ich möchte nur erwähnen, dass für die Verwendung von Gelatine ein solcher Säurezusatz nicht nothwendig ist: sie wird warm flüssig gemacht und mit einem Theil der zu klärenden Flüssigkeit vermischt, dann, noch nicht vollständig erstarrt, in einem noch etwas warmen Zustande, wird die Mischung der zu klärenden Substanz zugesetzt. Nur für Hausenblase und Raja clavata ist es nothwendig, dass man eine Säure zusetzt. Was die anderen Klärmittel wie Kaolin oder Sand betrifft, so haben dieselben nur eine mechanische Wirkung. Solcher Mittel giebt es viele. Ein Brauer fragte mich z. B., was ich davon halte, sein Braumeister hätte gesagt: »Da werfen wir eine Hand voll Sand hinein, dann wird das Bier klar;« aber durch die Berührung mit den kleinen Theilen eines festen Körpers geht die Kohlensäure fort und wenn eine Nachgährung nicht mehr stattfinden kann, dann wird das Bier einfach dadurch verdorben, schal. Darauf sollten wir uns, glaube ich gar nicht einlassen, noch andere Klärmittel zu berühren, sondern wir lassen einfach die wirksamen Klärmittel auch als zulässig passiren.

Vorsitzender: Wünscht Jemand noch das Wort in dieser Angelegenheit, dann bitte ich den Herrn Referenten, die Fassung vorzulesen.

Vogel-Memmingen: »Zum Klären der Würze und des Bieres dürfen in Anwendung kommen: 1. Filtrirapparate, 2. gut ausgesottene Haselnuss- und Buchenspäne, 3. Hausenblase, Raja clavata und gutes Gelatine, 4. Aufkraussen sowohl zur Klärung als zur Wiederbelebung alter aber unverdorbener Biere. Es empfiehlt sich, die Klärmittel selbst zu lösen. Salicylirte Klärmittel sind unzulässig.«

Aubry-München: Wenn Säuren verwendet werden, sollte man nur Weinsäure verwenden, Essigsäure wäre jedenfalls auszuschliessen.

Vorsitzender: Wir wissen, dass die Brauer, wenn sie die Klärungsmittel gelöst kaufen, dieselben oft Wochen lang stehen lassen und aus diesem Grunde hat der Herr Referent mit Recht diesen Satz hereingebracht, dass die Lösungsmittel zweckmässig nur in ganzer Form bezogen werden.

Kämmerer-Nürnberg: Ich möchte die Anwendung der Essigsäure als unpassend erwähnt sehen.

Vogel-Memmingen: Es lässt sich die durch Klärmittel in das Bier gelangte Weinsäure nicht nachweisen, denn es sind nur sehr geringe Mengen. Das will ich ausdrücklich bemerken: die Möglichkeit des Nachweises ist ausgeschlossen.

Halenke-Speyer: Ja, es ist aber doch möglich, dass deswegen der Richter den Brauer zur Anklage bringt.

Vogel-Memmingen: Ich glaube, wir könnten uns darauf beschränken, wenn wir sagen: Der Brauer muss sie selbst lösen und zwar unmittelbar vor der Verwendung.

Kayser-Nürnberg: Ich halte es für zweckmässig, einfach nur die einzelnen Klärmittel aufzuzählen und die Art ihrer Lösung nicht weiter zu berühren.

Vorsitzender: Ich möchte die Frage als abgeschlossen betrachten. Wir müssen froh sein (ich bin es wenigstens), dass bei unseren Bierprocessen die Klärmittelfrage in passender Weise gehandhabt wird. Dass Hausenblase zulässig sei, ist von den Gerichten bereits erklärt worden. Wir machen durch weiteres Detailiren die Sache nur confus. Sobald dann die Frage wieder in einem Processe vorkommt, machen wir die Sache ungemein schwierig. Wollen wir uns begnügen zu sagen, diese Klärmittel sind gestattet und von Lösungen wollen wir deshalb gar nicht sprechen. Das ist bisher angenommen, das ist von Seite des Gesetzes sanctionirt worden, also bleiben wir dabei. Lassen wir die Lösungsfrage also ganz weg.

Vogel-Memmingen: Ich constatire dem gegenüber, dass die betreffende reichsgerichtliche Entscheidung nur von Hausenblase spricht, sodass Gelatine immer noch in verdächtigem Lichte dasteht. Man hat sich veranlasst gesehen, und zwar bei einem Process, die Sache unter Anklage zu bringen; ein Brauer, welcher Gelatine verwendete, wurde, und so viel ich weiss, auch der Bamberger Lieferant, unter Anklage gestellt. Nachträglich wurde er freigesprochen. Ich halte demnach die Fassung in der Weise aufrecht: Es empfiehlt sich, die Klärmittel selbst zu lösen; salicylirte Klärmittel sind unzulässig.

Vorsitzender: Diejenigen Herren, welche diese Fassung, die wohl zu keinen weiteren Meinungsäusserungen führt, wünschen, mögen sich von ihren Sitzen erheben. (Es geschieht.) Die wichtigsten Punkte bezüglich der Bierfrage sind nun erledigt. Die Biercommission wird uns im nächsten Jahre weiteres Material vorlegen.

Vogel-Memmingen: Nur eines zu erwähnen möchte ich mir noch erlauben. Es ist vielleicht doch interessant, wenn ich Ihnen Bericht erstatte über meine Versuche mit Süssholz. Herr College Dr. Kayser hat uns eine Methode gegeben, mit welcher wir das Süssholz im Biere nachweisen können. Ich habe Gelegenheit gehabt, Bier auf Staatskosten zu sieden. Es war mein erster Versuch, Süssholzbier herzustellen und zwar mit einer grossen Dosis, so dass ich auf 1 l Bier 2 g Süssholz genommen habe, mehr als die Brauer thatsächlich in den weitaus meisten Fällen verwendet haben. Zu gleicher Zeit wurde auch ein zweiter Sud gemacht mit denselben Rohmaterialien, aber ohne Süssholz. Da habe ich denn die schönsten Vergleichsobjecte vor mir gehabt, um auf zweierlei Fragen Antwort zu bekommen: 1. Kommt der Süssholzgeschmack im Bier als solcher wieder zum Vorschein, ist also thatsächlich Süssholz ein Malzsurrogat? und 2. auf die Frage: lässt sich das Süssholz im Biere chemisch noch nachweisen? Was zunächst die letzte Frage betrifft, so kann ich Ihnen sagen, dass im Grossen und Ganzen der Nachweis gelingt, wenn ich gleich denselben für ein gerichtliches Verfahren noch nicht empfehle. Herr Dr. Kayser hat drei Erkennungsmittel. Einerseits die Geschmacksreaction, welche noch die beste, aber eben wegen ihrer Subjectivität immer noch sehr bedenkliche Schattenseiten hat. Nachdem eingedampft ist, wird der Rückstand als Glycyrrhizinammoniak aufgenommen; dann wird das Filtrat auf der Zunge geprüft. Da findet man in der That den Süssholz-Character wieder, aber die Geschmacksprobe muss mit einer gewissen Vorsicht gemacht werden. Sehr viele Leute sind gewohnt, namentlich, wenn sie vorsichtig sein wollen, blos vorne mit der Zunge zu schmecken, wo thatsächlich die Geschmacksnerven am allerwenigsten ausgebildet sind. Wenn sie aber die Lösung quer über die Zunge streichen, dann im Gaumen etwas verrühren, merken sie den Süssholzgeschmack. Alsdann kommt eine zweite Reaction, die Ausscheidung mit Salzsäure. Ich sah sie eintreten, aber eine besondere Beweiskraft möchte ich ihr doch nicht zulegen, noch viel weniger aber kann ich dies von der dritten Reaction sagen, der mit Fehling's Lösung. Es tritt eine Ausscheidung mit Salzsäure ein, die in reinem Biere deutlich weissgelb ist, während Süssholzbier allerdings eine bräunlichgelbe Ausscheidung ergab. Wenn ich aber bedenke, dass ich eine sehr grosse Süssholzmenge in meinem Biere hatte, so können eben doch kleinere Mengen, wie sie die Brauer verwendet haben, leicht irre führen. So gross ich also das Verdienst Kayser's schätze, so müssen wir seine Methode doch noch mit Reserve behandeln.

Was endlich die andere Frage betrifft, ob man im fertigen Biere mit der Zunge den Süssholzgeschmack erkennen kann, wie Kayser behauptet, so habe ich vor allem bei der Beurtheilung meine Person ausgeschlossen. Zuerst haben von vier Personen nur eine einzige von den zwei Bierproben, welche ich ihnen vorsetzte, die wirklich Süssholzhaltige mit der Zunge erkannt.

In den allerletzten Tagen habe ich mich dann noch an die Zollbehörde selbst gewendet, unter deren Aufsicht das Bier gebraut wurde und habe sechs Beamten die zwei Biere vorgesetzt. Ich habe dann die Herren veranlasst, mir zu sagen, in welchem von den beiden Bieren das Süssholz sei. Alle haben irre gerathen bis auf einen Einzigen, den Oberzollinspector, und der ist schliesslich auch irre geworden und hat nicht mehr gewusst, welches Bier den Süssholzgeschmack hat. Alle haben sonst mit Entschiedenheit dahin gedeutet, worin kein Süssholz war. So gut und sicher man den Süssholzgeschmack an und für sich kennt, unmittelbar nachdem es direct dem Biere zugesetzt wird, so zweifelhaft wird die Sache, wenn man ein Bier vorgesetzt bekommt, in welchem Süssholz mitvergohren hat. Ein Kölnisches Wasser hat ja auch unmittelbar nach der Mischung seiner Bestandtheile einen ganz andern Geruch als nach längerer Lagerung oder nach der Destillation, und so scheint mir das Süssholz allmählig im Geschmack zurückzutreten, sodass es für unsere Geschmacksnerven nicht mehr zum Durchbruch kommt, und nicht mehr durch den Geschmack beurtheilt werden kann, ob Süssholz da ist oder nicht. Dabei betone ich nochmals, dass ich sehr bedeutende Quantitäten im Biere gehabt habe. Es dürfte somit entgiltig entschieden sein, dass Süssholzzusatz kein Malzsurrogat genannt werden darf. Diese Mittheilungen wollte ich Ihnen noch machen, da ich glaubte, dass auch dies auf Ihr Interesse rechnen kann.

Vorsitzender: Das reiche Material, was uns für unsere Tagesordnung noch vorliegt, vollständig zu erledigen, wird zur Unmöglichkeit werden, weshalb Sie mir wohl eine entsprechende Auswahl gestatten. Ich gebe zunächst Herrn Kayser das Wort zu seinem Referate über Honiguntersuchungen, sowie zu seinen Mittheilungen über die Verfälschungen des Leders.

Referat über Honiguntersuchungen
von R. Kaiser-Nürnberg.

Bei der Bedeutung, welche der Honig als Genussmittel, insbesondere bei seiner Verwendung in der Lebkuchenfabrication besitzt, welche letztere bekanntlich an mehreren Orten Deutschlands der Gegenstand einer wichtigen Industrie ist, erscheint es zweckmässig, auch hinsichtlich der Untersuchung und Beurtheilung des Honigs Vereinbarungen zu treffen. Einstweilen dürfte es genügen, die Vereinbarungen auf den Nachweis von Stärkezuckersyrup zu beschränken, einerseits, weil dieser das gebräuchlichste Verfälschungsmittel des Honigs ist, andrerseits, weil betreffs des Nachweises anderer Verfälschungsmittel, wie Rohrzucker, Wasser, noch nicht ausreichend abgeschlossenes wissenschaftliches Material vorliegt. Die Vorschläge, welche der Referent der Versammlung zur Annahme unterbreitet, schliessen sich meist wörtlich den Ausführungen Siebers[*]) an, der in einer vortrefflichen Arbeit diesen Gegenstand in fast erschöpfender Weise behandelt hat. Einige Modificationen waren durch neue Untersuchungen erforderlich gemacht, um jede Gefahr einer unrichtigen Beurtheilung zu vermeiden.

Nachweis eines Stärkezuckergehaltes im Honig.

1. Reiner Honig hinterlässt in der Regel nach Vergährung der Zuckerarten keine Substanzen, welche optisch activ sind. Stärkezuckersyrup hinterlässt schwer vergährbare, dextrinartige Stoffe, welche den polarisirten Lichtstrahl stark nach rechts ablenken.

Verfahren: 25 g Honig werden in Wasser gelöst, mit 12 g stärkefreier Presshefe versetzt; das Gesammtvolum betrage circa 200 ccm. Nach achtundvierzigstündigem Vergähren bei mittlerer Zimmertemperatur wird nach Zusatz von Thonerdehydrat zu 250 ccm aufgefüllt, 200 ccm des klaren Filtrates auf 50 ccm abgedampft und im 200 mm-Rohre polarisirt. Eine Rechtsdrehung von mehr als 1^0 Wild beweist Zusatz von Stärkezuckersyrup.

2. Der Gährrückstand von reinem Honig mit Salzsäure nach Art der Dextrinverzuckerung erhitzt, giebt nur ausnahmsweise geringe Mengen von reducirendem Zucker; Gährrückstand von Stärkezuckersyrup liefert, auf gleiche Weise behandelt, Zucker.

Verfahren: Von der unter 1. beschriebenen, zum Polarisiren dienenden Flüssigkeit werden 25 ccm mit 25 ccm Wasser und 5 ccm concentrirter Salzsäure eine Stunde im kochenden Wasserbade erhitzt, neutralisirt, zu 100 ccm aufgefüllt und in 25 ccm der Zuckergehalt als Traubenzucker nach Allika bestimmt. Der so gefundene Zuckergehalt mit 40 multiplicirt, ergiebt die auf den Gährrückstand von 100 g Honig entfallende Menge Traubenzucker; beträgt diese Menge mehr als $1\tfrac{0}{0}$, so ist Stärkezuckerzusatz vorhanden.

---

[*]) E. Sieber, über die Zusammensetzung des Stärkezuckersyrups, Honigs und über die Verfälschungen des letzteren. Zeitschrift des Vereins für Rübenzuckerindustrie des Deutschen Reiches, August 1884, p. 837—883.

Diskussion.

Eine Diskussion über vorstehende Vorschläge fand nicht statt.

Beschluss:

Die Vorschläge des Referenten werden von der Versammlung angenommen.

Referat über Verfälschung des Leders mit Stärkezucker

von R. Kayser-Nürnberg.

Referent macht auf die in grossem Umfange betriebene Verfälschung des Leders mit Stärkezucker aufmerksam. Nach Mittheilungen, welche sich in der Sächsischen Gewerbezeitung vorfinden, ist diese Angelegenheit besonders in Ehrenfriedersdorf, einem Mittelpunkte für die sächsische Schuhwaarenindustrie, in dem dortigen Gewerbeverein zur eingehenden Besprechung gekommen. Die dortigen Schuhwaarenfabrikanten und Schuhmachermeister haben sehr oft beträchtliche Verluste zu beklagen gehabt, die ihnen durch den Betrug auswärtiger Grossgerber erwachsen, die ihr Leder mit Schwerspath, Wasser oder Traubenzucker künstlich beschweren, sodass das Gewicht des Leders bis zu $20\frac{0}{0}$ zunimmt. Da nun das Leder nach Gewicht verkauft wird, somit Wasser, Traubenzucker etc. ebenso theuer bezahlt wird als das Leder, so ist ersichtlich, welcher grosse Schaden durch derartige betrügerische Manipulationen erwachsen kann. 100 kg Leder, zu 300 M gerechnet, ergiebt einen Schaden bis zu 60 M pro 100 kg, falls derartige Verfälschungen vorhanden sind. Referent hat in Erfahrung gebracht, dass die Beschwerung des Leders mit Stärkezucker eine häufig vorkommende betrügerische Manipulation ist, er hat selber eine Anzahl von mit Stärkezucker beschwerten Lederproben untersucht und in ihnen erhebliche Mengen Traubenzucker nachgewiesen. Es erscheint sonach zweckmässig, diesen Gegenstand aufmerksamer zu verfolgen, als es bisher geschehen ist.

Vorsitzender: Die vorgerückte Zeit gestattet wohl kaum, noch weitere Referate vorzubringen, weshalb Sie wohl dem geschäftsführenden Ausschusse die Ermächtigung geben, die noch fehlenden Referate in den Bericht über die Versammlung aufzunehmen.

Der Vorsitzende dankt den Referenten, der ganzen Versammlung für die liebenswürdige, thatkräftige Unterstützung bei der Leitung der Verhandlungen. Herr Regierungsrath Sell-Berlin dankt für die Einladung und zollt der freien Vereinigung für die bisherige Thätigkeit sowie für ihre Organisation warme Anerkennung. Dr. Vogel-Memmingen dankt dem Vorsitzenden für die umsichtige Leitung der Verhandlungen, welcher hierauf die Versammlung mit dem Rufe schliesst: »Auf Wiedersehen in Würzburg!«

Ueber die Beurtheilung hefetrüber Biere
von L. Aubry.

Zu häufigen Klagen des Consumenten giebt nicht vollständige Klarheit des Bieres den Anlass und der Sachverständige hat sich des Oefteren darüber auszusprechen, ob ein nicht klares oder gar trübes Bier als verdorben zu betrachten ist. In der vorjährigen Versammlung war die Frage angeregt, wie sich der Sachverständige trüben Bieren gegenüber in der Beurtheilung zu verhalten habe und, nachdem die Versammlung eine sofortige Schlüssigmachung nicht für angezeigt hielt, wurde eine Commission beauftragt, die Frage der Beurtheilung hefetrüber Biere zu behandeln und der nächsten Versammlung Vorschläge vorzulegen. Mir wurde der ehrenvolle Auftrag, ein Referat auszuarbeiten, welches ich mit dem Bemerken zur Kenntniss bringe, dass dasselbe keineswegs eine erschöpfende Behandlung des gerade in der Neuzeit in vielfacher Beziehung erforschten Gegenstandes enthält, sondern nur diejenigen Gesichtspunkte herausgreift, die für die Beurtheilung vorläufig wesentlich sein dürften.

Es giebt verschiedenartige Biertrübungen und die eigentliche Hefetrübung ist eine der häufigsten. Für die Beurtheilung ist es wichtig, die Ursachen der verschiedenen Trübungen zu kennen und die Natur derselben sicher zu constatiren. Wir können dieselben in vier Gruppen theilen: 1. Harztrübungen, 2. Eiweiss- und Stärketrübungen, 3. Hefentrübungen und 4. Bacterientrübungen.

Harztrübung. Man beobachtet manchmal in Bieren Ausscheidungen, die dieselben gewöhnlich nur staubig erscheinen lassen und seltener wirkliche Trübung bewirken. Solche Ausscheidungen setzen sich nicht ab, es zeigen sich mehr oder weniger kugelförmige amorphe gelbe bis gelbbraune Körperchen unter dem Mikroskope, die sich in Lauge, Aether und Alkohol lösen. Es sind das wirkliche Harzausscheidungen, welche unter Bedingungen, die noch nicht näher studirt sind, entstehen und ganz unschädlicher Natur sind.

Eiweisstrübung. In den Flaschen, in welchen Biere längere Zeit aufbewahrt worden sind, bilden sich mit der Zeit Absätze, die neben abgeschiedener Hefe flockige Ausscheidungen eiweissartiger Körper enthalten. Diese sind von sehr verschiedenem Stickstoffgehalte und vielleicht Verbindungen der ursprünglich gelöst gewesenen Eiweisskörper mit Gerbstoff und harzartigen Körpern. Solche Ausscheidungen von nachweislich eiweissartiger Natur bilden sich oft schon in den Fässern und sie sind auf eine schlechte Beschaffenheit des zum Brauen verwendeten Malzes oder auf nicht genügende Sorgfalt beim Maischprocess zurückzuführen; auch Temperaturschwankungen und zwar plötzliche starke Abkühlung des Bieres in den Kellern können die Veranlassung dazu sein. Die Beschaffenheit des Bieres bleibt dabei meist gut und gehören derartige Trübungen, die am häufigsten bei weniger stark vergohrenen Bieren eintreten, gleichfalls zu den unschädlichen. Nach längerem Stehen in Flaschen bilden alle Biere Bodensätze, besonders am Lichte.*)

Stärketrübung. Bei einem zu raschen Erwärmen der Maischen aus diastasearmen Malzen bleibt sehr häufig die Verzuckerung unvollständig und die Würzen laufen etwas stärkehaltig ab. In solchem Fall trüben sich die Biere gewöhnlich, während sonst alles regelmässig ging, im Verlaufe der Lagerung oder aber erst beim Transport, man findet dann sowohl in den Absätzen als auch in den Bieren Stärke.

Solche Biere aus nicht gut verzuckerten Würzen enthalten aber auch häufig verschiedene organisirte Fermente und schlecht entwickelte Hefe suspendirt, da eine nicht normal beschaffene Würze den besten Nährboden für fremde Fermente bildet, welche eigentlich nicht im Biere enthalten sein sollen und deren Keime gewöhnlich vorhanden sind.

Hefetrübung. Eine gut beschaffene Würze, in welcher ausser den die Hefe ernährenden Salzen und stickstoffhaltigen Bestandtheilen auch noch eine genügende Menge vergährbarer Substanz (Maltose) vorhanden ist, wird bei Untergährung durch eine mit gesunder Hefe in genügender Quantität eingeleitete und bei nicht zu hoher Temperatur geführte Hauptgährung, in acht bis zehn Tagen für Lagerbiere und in circa 14 Tagen bei Bockbieren vergähren. Es findet während dieser Zeit eine Temperaturerhöhung im Gährbottiche statt, deren Abminderung durch Einblasen von kalter Luft in die Gährkeller, durch Abkühlung der Luft mittelst an der Decke angebrachter Röhren mit darin circulirender Kühlflüssigkeit, durch Einstellen von mit Eis gefüllten Schwimmgefässen (Schwimmer) in die gährende Flüssigkeit oder durch Kühler (Bottichkühler) mit darin circulirendem Eiswasser erreicht wird. War die Abkühlung nicht zu stark, so hat die Hefe sich ungestört entwickeln können, die Gährbewegung wird immer langsamer, die Hefe setzt sich allmählig zu Boden und es wird nur wenig davon im Biere suspendirt bleiben und diesem die Klarheit nicht nehmen. Das klare Bier muss zwischen den suspendirten Hefeklümpchen sichtbar sein. Wird solches Bier von der Hefe abgezogen in die Lagerkeller gebracht, so schreitet die Gährung in den Fässern langsam fort, aber es setzt sich nach einiger Zeit die Hefe ganz als Fassgeläger ab, auch andere suspendirte Theilchen mitreissend, und das Bier wird verkaufsfähig. Je nach Beschaffenheit der Hefe oder der Würze ist ein verschieden grosser Antheil des ursprünglichen Würzeextractes verschwunden. Von dem Vergährungsgrade d. h. von der Menge des vergohrenen Extractes zum ursprünglichen Extracte hängt zum Theil sehr die Haltbarkeit des Bieres ab. Biere, welche wenig vergohren haben, aber noch genügend vergährbare Substanz enthalten, werden immer die Neigung haben, weiter zu gähren und es bedarf nur der Herstellung der erforderlichen Bedingungen dazu, insbesondere geringer Temperaturerhöhung, um das scheinbar klar ab-

---

*) Biere die am Lichte oder nach längerem Stehen nicht so leicht absetzen, sind nicht aus reinen Malzwürzen hergestellt, entweder es ist ein Theil des Malzzuckers durch anderen Zuckerzusatz ersetzt oder es ist Reis zugemaischt worden; auch kann künstlich eine Fällung der Eiweisskörper vorgenommen worden sein. Conservirungsmittel halten das Absetzen etwas auf.

gezogene Bier in volle Gährung zu versetzen, wobei sich viel Hefe ausscheidet, die das klare Bier wieder trübt. Solche Hefetrübung eines sonst normalen aber wenig vergohrenen Bieres infolge erneuter Gährung macht sich, insbesondere in der warmen Jahreszeit, öfters wahrnehmbar, sie ist in vielen Fällen unverschuldet, wenn sie durch eigenthümliche Beschaffenheit der gegebenen Rohmaterialien, durch ungünstige atmosphärische Verhältnisse u. s. w. hervorgerufen wird und für den Brauer eine empfindliche Plage. Mangelhafte Behandlung von Bieren durch die Schänkwirthe ist eine nicht ungewöhnliche Ursache der Trübung von Bieren, die sonst keine besondere Neigung dazu haben. Jedes Bier trägt den Keim zur fortgesetzten Nachgährung in sich und wird um so geneigter dazu sein, je geringer der Vergährungsgrad ist, je mehr die Gährung künstlich unterdrückt wurde und je jünger es ist. So sehr die Anwendung der Kälte von Nutzen für die Brauerei ist, kann sie zur unrichtigen Zeit und im Uebermass angewendet auch schädlich werden, namentlich dadurch, dass sie die Entwicklung der Hefe hemmt.

Eine weitere Veranlassung zu Hefetrübungen sind die sogenannten »wilden Hefen«, wie sie Hansen zum Unterschied von der aus Individuen der Spielarten der reinen Brauerei-Unterhefe (Sacchar. cerevisiae) zusammengesetzten Hefe bezeichnet. Die Hefe ist eine Culturpflanze und es kommen verschiedene Racen des Saccharomyces cerevisiae vor, welche aber niemals Krankheiten des Bieres hervorrufen. Unter den in der Natur auf Obstarten lebenden wilden Hefen sind aber solche bekannt geworden, die einen sehr verderbenbringenden Einfluss auf das Bier ausüben. Diese wilden Hefearten haben sich bereits ausserordentlich in der Brauerei verbreitet; dadurch, dass im Sommer zur Zeit der Fruchtreife der Staub aus den Gärten auf die Kühlen gelangt, bringt er auch wilde Hefen mit und damit gelangen diese heimtückischen Feinde in die Gährkeller, werden mit den Hefen von einer Brauerei in die andere geschleppt und vermehren sich mit der gewöhnlichen Hefe. Bringt man solche verunreinigte Hefe unter das Mikroskop, so lässt sich die Verunreinigung schwer ersehen; erst eine specielle, leider ziemlich umständliche Untersuchung ev. mit Reinculturen giebt Aufschluss über die Verunreinigungen. Ahnungslos bringt der Brauer solche verunreinigte Hefe in die Würze, freut sich des schönen Gährungserfolges, sieht das Bier sich im Lagerfass klären und bringt es zum Ausstoss; da auf einmal beginnen die wilden Hefen das Bier zu trüben, indem sie sich vermehren und nicht selten geht dann auch eine Geschmacksänderung Hand in Hand. Vor solchen Trübungen schützt nur die allergrösste Vorsicht und sind die Gährkeller einer Brauerei einmal inficirt, dann ist es ausserordentlich schwer, die fremden Pilze wieder heraus zu bringen. Nur die Reinzüchtung des Untergährungspilzes des Sacch. cerevisiae und Verwendung von solchen rein gezüchteten Hefen lässt das Uebel wirksam beseitigen. Desinfection solcher Keller und der Geschirre ist nur eine halbe Massregel, weil man mit den Hefen aus anderen Brauereien wieder fremde Hefepilze hereinbringen kann. Man kann nicht immer den Brauer für solche Trübungen, die durch wilde Hefen hervorgebracht werden, verantwortlich machen.

Bacterientrübung. Endlich sind die mit rasch fortschreitendem Verderben des Bieres zusammenfallenden Bacterientrübungen zu erwähnen, deren Ursache in den allermeisten Fällen in mangelhafter Reinigung zu suchen ist. Wo in einer Brauerei Reinlichkeit herrscht, werden Bacterien keine Wohnstätte haben.

Die Anhaltspunkte für die Beurtheilung der Biertrübungen dürften sich zum Theil aus vorgebrachten Erläuterungen von selbst ergeben.

Bier, welches neben Hefe auch grössere Mengen Bacterien enthält, wird als verdorben zu betrachten sein. Spur von Bacterien dürfte in vielen Fällen unbeanstandet bleiben. Bier, welches nur wenig reine Hefe suspendirt enthält und sonst gesund und gut zusammengesetzt ist, kann kaum als zum Genusse vollkommen untauglich angesehen werden, wenn man bedenkt, dass gesunde und entwicklungsfähige Hefe mit manchen Nahrungsmitteln (Brot, Gebäck, Früchten) in grossen Quantitäten eingenommen wird und manche Biere geradezu mit Hefe genossen werden z. B. das Weissbier. Es wird vielfach angenommen, dass junges Bier mit Hefe gesundheitsschädlich sei, dabei könnten aber auch andere Momente mit betheiligt sein, insbesondere die grösseren Quantitäten gährungsfähiger Substanz in jungen Bieren, deren Wirkung im Magen gewiss nicht ohne Folgen ist. Wird Hefe gleichzeitig mit gährungsfähiger Substanz genossen, so dürfte ihre Wirkung eine wesentlich andere sein.

Wäre ein Bier nur hefestaubig, so dürfte es nicht zu beanstanden sein, grössere Mengen von Hefe wären aber unzulässig, weil sie durch geeignete Kellerführung leicht zu beseitigen sind und auf den Trinker ekelerregend wirken, selbst wenn sie sonst unschädlich wären. Hefetrübe und sehr wenig vergohrene Biere sind zu verwerfen.

Harztrübe und durch Eiweissausscheidungen schwach getrübte Biere wären nicht zu beanstanden, wenn ihre Zusammensetzung sonst eine den Anforderungen an ein normales Bier entsprechende ist.

Bacterientrübe verdorbene Biere sind ganz zu verwerfen.

Schliesslich muss aber auf einen Umstand aufmerksam gemacht werden, der bei der Untersuchung eines Bieres und Beurtheilung desselben durch den Sachverständigen von höchster Bedeutung ist. Es ist angedeutet worden, dass jedes klare Bier den Keim zur fortgesetzten und sich fortsetzenden Nachgährung in sich trägt und überhaupt sehr veränderlicher Natur ist. Wer nun Bier zu untersuchen hat, muss sich bei einer constatirten Trübung immer davon überzeugen, ob die Trübung nicht durch ungünstige Bedingungen erst entstanden sein kann. Bier, welches ursprünglich klar war, wird z. B. an einem warmen Orte in der Flasche sich bald trüben, wenn nur wenige Hefezellen vorhanden waren. Ausserordentlich unterstützt wird die Vermehrung der Hefe, wenn Luft mit dem Biere in Berührung kommt, weshalb es oft vorkommt, dass in nicht gut gefüllten Flaschen das Bier sich auf dem Transport trübt.

Hefetrübung ist bei der Probenahme zu constatiren, über die Stärke der Trübung kann der Sachverständige nur dann ein Urtheil haben, wenn er bei der Probenahme gegenwärtig ist. Erhält er das Bier nachträglich, so kann er nur die Natur der Trübung constatiren, wobei er sich stets vergewissern muss, ob die Trübung veranlassenden Organismen nicht erst durch Flasche oder Pfropfen hineingekommen sein könnten. Es ist bei der Beurtheilung von Bier-trübungen stets im Auge zu behalten, dass Hefe und andere Organis-men, unter für ihre Entwicklung günstigen Bedingungen, sich sehr rasch vermehren können, diese Vermehrung aber durch niedrige Tem-peratur sehr hintangehalten wird, weshalb, sofern die Untersuchung nicht gleich geschehen kann, das Bier einer Temperatur von nicht über 6° R. ausgesetzt bleiben soll.

Zur Untersuchung des Pfeffers
von Dr. Röttger.

Der Zweck der nachstehend im Auszuge mitgetheilten Arbeit war, einen Beitrag bezüglich unserer Kenntnisse über die Pfefferfrucht zu liefern.

Die zu diesem Behufe unternommenen Versuchsreihen wurden zur Beantwortung folgender Fragen benutzt:

1. Sind die bisher zum Zwecke der alkoholischen und ätherischen Extraktbestimmung benützten Methoden zuverlässig und sind die Re-sultate überhaupt geeignet zur Beurtheilung der Güte und Reinheit der Pfefferproben des Handels?

2. Können die Mineralbestandtheile des Pfeffers, des schwarzen wie des weissen, in ihren Mengenverhältnissen als Bestandtheile der Pfefferasche Anhaltspunkte für die Beurtheilung der Güte liefern? Welche Zusammensetzung besitzen überhaupt die Pfefferaschen?

3. Welche Piperinmengen sind in den Pfeffersorten zu finden?

Sind die Mengen je nach Herkunft, Alter der Frucht möglichst constant und lassen sich diese Zahlen zur Beurtheilung der Reinheit benützen?

Um über den Werth und den Nutzen einer alkoholischen und ätherischen Extractbestimmung zum Zwecke der Beurtheilung der Güte und Reinheit von Pfefferproben des Handels ein Urtheil zu gewinnen, wurde in folgender Weise vorgegangen.

Den Pfefferproben etwa noch beigemengte Stengel, oft auch Steinchen, bei den weissen Proben auch die untergemischten schwarzen Pfeffer-körner wurden ausgelesen und die Körner ohne vorhergehendes Ab-waschen mit Wasser auf einer Gewürzmühle zerkleinert. Das Pulver wurde sodann in einer flachen Schale 3 Stunden über Schwefelsäure stehen gelassen und darauf von demselben die in Arbeit zu nehmenden Portionen abgewogen. Zu jeder Bestimmung wurden ca. 5 g Gewürz-pulver verwendet. Das Pulver wurde in eine Hülse von nicht zu rauhem Filtrirpapier gegeben, mit etwas Watte bedeckt und die Hülse in einen Soxhlett'schen Extractionsapparat geschoben. Nachdem das tarirte, mit 90 $\frac{0}{0}$igem Alkohol oder Aether gefüllte Kölbchen angefügt war, wurde der Extractionsapparat mit einem Liebig'schen Kühler ver-bunden und die Extractionsflüssigkeit zum Sieden erhitzt. Die Ex-traction wurde so lange fortgesetzt, bis die Flüssigkeit nichts mehr aus dem Gewürzpulver aufnahm, was durch Ersetzen des Kölbchens durch ein anderes und Wägung desselben nach dem Verdunsten des Alkohols constatirt wurde. Die vollständige Extraction nahm immer ca. 40 Stunden in Anspruch. Die Rückstände der Extraction wurden sodann aus dem Apparate genommen, zuerst in der Hülse bei 40° C., dann in tarirten Trockengläsern 1 Stunde bei 100° C. getrocknet, schliesslich 3 Stunden über Schwefelsäure gestellt und gewogen.

Durchgehends geschah die Extractbestimmung nach der vorhin beschriebenen indirecten Methode. Bei Anwendung der directen Methode läuft man Gefahr durch Verflüchtigung des ätherischen Oeles Verluste zu erleiden. Arbeitet man beim Trocknen des Extractes mit Temperaturen, bei denen das Wasser ausgetrieben wird, so geht zugleich auch das ätherische Oel mit fort; trocknet man bei niederer Temperatur, so bleibt zwar das ätherische Oel, aber auch das Wasser, wenigstens theilweise zurück, und der Extractgehalt fällt zu hoch aus.

Zwei Extractbestimmungen nach der directen Methode ausgeführt, bei Anwendung einer Temperatur von ca. 40° C., ergaben folgende Zahlen:

No. 1. Alkohol. Extract direct bestimmt — 13,6 $\frac{0}{0}$
indirect bestimmt — 12,2 $\frac{0}{0}$
No. 2. Aether. Extract direct bestimmt — 8,2 $\frac{0}{0}$
indirect bestimmt — 7,9 $\frac{0}{0}$.

Die bei den nach der indirecten Methode ausgeführten Bestimmungen erhaltenen Zahlen für den Procentgehalt an alkoholischem Extract schwankten

für schwarzen Pfeffer zwischen 12,3 und 16,7 $\frac{0}{0}$,
für weissen Pfeffer zwischen 10,0 und 11,8 $\frac{0}{0}$.
Der ätherische Extract bewegte sich
bei schwarzem Pfeffer zwischen 7,9 und 12,1,
bei weissem Pfeffer zwischen 8,0 und 10,7 $\frac{0}{0}$.

Bei den Proben schwarzen Pfeffers zeichnete sich eine — Lampongpfeffer — durch ihren abnormen hohen Gehalt an Extract aus. Dieselbe gab 19,1 $\frac{0}{0}$ alkohol. und 14,2 $\frac{0}{0}$ äther. Extract.

Ebenso gab eine Probe weissen Pfeffers — Coriander-Tellicherry — 14,6 $\frac{0}{0}$ an alkohol. Extract.

Vergleicht man mit den hier gewonnenen Resultaten früher gemachte Angaben, speciell die von E. Borgmann, welche entschieden den grössten Anspruch auf Genauigkeit machen, so findet man dort eben solche Schwankungen. Borgmann fand zwischen 9 und 12,9 $\frac{0}{0}$ alkohol. Extract. Wenn die Borgmann'schen Zahlen niedriger als die hier gefundenen erscheinen, so hat das darin seinen Grund, dass derselbe den alkoholischen Auszug bei 100° trocknete und auf solche Weise sämmtliches ätherisches Oel und Wasser aus demselben verjagte.

Andere Angaben der Literatur z. B. von Wolf und Biechele sind schon wegen der mangelhaften Extraction — $\frac{1}{2}$ bis 1 Stunde — nicht vergleichbar; auch finden die von Biechele gefundenen hohen Zahlen — erhalten durch Trocknen des Extractes bei 100° bis zum constanten Gewicht — keine Erklärung.

Biechele fand für schwarzen Pfeffer 19,8,
für weissen Pfeffer 16,8 $\frac{0}{0}$ Extract,
Wolf für schwarzen Pfeffer 9,7 — 11,6,
für weissen Pfeffer 8,5 — 10,9 $\frac{0}{0}$ Extract.

Suchen wir nach dem Grunde, weshalb der Extractgehalt der Pfeffersorten solchen Schwankungen unterworfen ist, so muss derselbe ohne Zweifel darin gefunden werden, dass die Pflanzen unter verschiedenen äusseren Verhältnissen gewachsen sind. Klima und Standort werden hier die Hauptrolle spielen.

Wenn man nun diese notorischen Schwankungen berücksichtigt, ausserdem den Einfluss der Temperatur beim Trocknen des Extractrückstandes sowohl wie des Pulvers erwägt und ferner noch bedenkt, dass gemahlener Pfeffer bei längerer Aufbewahrung sehr bald von seinem Gehalt an in Alkohol und Aether löslichen Stoffen, speciell an flüchtigem Oel einbüsst, so müssen wir die Frage bezüglich des Wertes einer Extractbestimmung folgendermaassen beantworten:

1. Die Extractbestimmung ist zur Beurtheilung der Güte und Reinheit der Pfefferproben des Handels unzuverlässig und hat in den meisten Fällen keine Berücksichtigung zu finden.

2. Soll eine solche Bestimmung ausgeführt werden, was in seltenen Fällen unter Umständen vielleicht geboten erscheinen mag, wenn die mikroskopische Prüfung und die Feststellung der Mineralbestandtheile die Beurtheilung zweifelhaft gelassen haben, dann darf dieselbe nur in der vorhin angegebenen Weise — nach indirecter Methode — geschehen, und es ist dabei vor allem auf eine vollständige Erschöpfung des Pulvers zu sehen.

Die zweite Versuchsreihe war gerichtet auf die Bestimmung des Wassergehaltes und der Mineralbestandtheile.

Die Wasserbestimmung geschah in der Weise, dass das Gewürzpulver 3 Stunden über Schwefelsäure gestellt, dann eine abgewogene Portion — ca. 5 g — bei 100 ° C. getrocknet wurde.

Da wegen später eintretender Oxydation ein constantes Gewicht schwer zu erhalten ist, wurde zum ersten Male nach $1\frac{1}{2}$ Stunden, dann alle Viertelstunden gewogen, bis das Gewicht zunahm und das vorletzte Gewicht nun als das richtige angenommen.

Der Wassergehalt schwankte beim schwarzen Pfeffer zwischen 12,6 und 14,7 $\frac{0}{0}$, beim weissen Pfeffer zwischen 12,9 und 14,5 $\frac{0}{0}$.

Man beobachtet hier eine auffallende Uebereinstimmung, und es dürfte daher geboten erscheinen, die Bestimmung des Wassergehaltes bei der Untersuchung des Pfeffers in die Zahl der nothwendigen Bestimmungen aufzunehmen.

Für die Bestimmung der Mineralbestandtheile wurde das Gewürzpulver ebenso vorbereitet wie für die Wasserbestimmung.

10—15 g Pulver wurden in einer Platinschale zunächst über kleiner Flamme verkohlt, dann bei rasch steigender Hitze verbrannt.

Der Aschengehalt bewegte sich beim schwarzen Pfeffer zwischen 3,4 und 5,1 $\frac{0}{0}$, beim weissen Pfeffer zwischen 0,8 und 2,9 $\frac{0}{0}$. Zu bemerken ist, dass die Probe Lampongpfeffer, welche den hohen Extractgehalt zeigte, auch durch einen hohen Aschengehalt — 6,4 $\frac{0}{0}$ — hervortrat.

Mit Berücksichtigung der in der Literatur befindlichen Zahlen darf wohl die bisher übliche Zahl 6 als höchste Grenze für den Aschengehalt beibehalten werden. Wenn die Zahl 5 überschritten ist, sollte schon eine eingehendere Untersuchung der Mineralbestandtheile stattfinden. Für weissen Pfeffer kann man wohl einen Gehalt an Mineralbestandtheilen von 3 $\frac{0}{0}$ als höchste Grenze annehmen.

Um die Zusammensetzung der Mineralbestandtheile näher kennen zu lernen, waren die Versuche dahin gerichtet, zuerst den in Wasser löslichen und den in Wasser unlöslichen Antheil derselben festzustellen. Sodann wurden einige vollständige Aschenanalysen ausgeführt, um zu erfahren, ob nicht der Gehalt an Phosphorsäure — in Wasser löslicher, wie in Wasser unlöslicher —, an Kieselsäure etc. sich als mehr oder weniger constant erweise und Anhaltspunkte für die Beurtheilung der Güte und Reinheit der Pfeffersorten geben könne.

Die Aschenanalyse geschah im Wesentlichen nach der bekannten Bunsen'schen Methode. Die Phosphorsäure wurde nach der Wagnerschen Methode bestimmt.

Das Ergebniss der eingehenden Aschenanalysen ist in nebenstehender Tafel zusammengesetzt.

Bei Durchsicht der für die einzelnen Bestandtheile der Asche erhaltenen Zahlen fällt vor Allem der hohe Eisen- und Mangangehalt der Pfefferasche auf. Eisen wurde bis zu 2,2 $\frac{0}{0}$ (als Fe_2O_3 berechnet), Mangan bis zu 0,89 $\frac{0}{0}$ (als Mn_2O_3 berechnet) gefunden. Sodann ist der hohe Kaligehalt des schwarzen Pfeffers gegenüber dem weissen bemerkenswerth; ebenso der Chlorgehalt. Der Kaligehalt des schwarzen Pfeffers betrug 27,4 bis 34,7 $\frac{0}{0}$, des weissen Pfeffers 5,1 bis 7,1 $\frac{0}{0}$. Der Chlorgehalt wurde gefunden bei schwarzem Pfeffer zu 5,6—8,7 $\frac{0}{0}$, bei weissem Pfeffer zu 0,5—0,9 $\frac{0}{0}$. Verhältnissmässig constant ist der Gehalt an Kieselsäure bei den weissen Pfeffersorten. Er schwankt zwischen 1,0 und 2,6 $\frac{0}{0}$ (5 Analysen); beim schwarzen Pfeffer bewegte sich der Kieselsäuregehalt zwischen 1,5 und 6,3 $\frac{0}{0}$ (11 Analysen).

Der Phosphorsäuregehalt ist grossen Schwankungen unterworfen, in dem in Wasser löslichen sowohl wie in dem in Wasser unlöslichen Theil.

In 11 Proben schwarzen Pfeffers wurde gefunden an in Wasser löslicher Phosphorsäure 0,11—0,91 $\frac{0}{0}$, an in Wasser unlöslicher (in Salzsäure löslicher Phosphorsäure) 8,2—12,5 $\frac{0}{0}$.

Bei den Proben weissen Pfeffers lag der Phosphorsäuregehalt zwischen 10,8 und 30,7 $\frac{0}{0}$ und sämmtliche Phosphorsäure fand sich in dem in Salzsäure löslichen Antheile der Asche.

In Wasser lösliches wurde gefunden bei schwarzem Pfeffer 54,1 bis 67,6 $\frac{0}{0}$, bei weissem Pfeffer 8,1—13,8 $\frac{0}{0}$.

In Wasser unlösliches fand sich bei schwarzem Pfeffer 32,2 bis 45,9 $\frac{0}{0}$, bei weissem Pfeffer 85,6—91,8 $\frac{0}{0}$.

Vorstehende Thatsachen berechtigen wohl zu dem Ausspruche, dass eine eingehende Untersuchung der Mineralbestandtheile in manchen Fällen für die Beurtheilung der Güte und Reinheit von Pfefferproben von Nutzen sein kann. In solchen Fällen dürfte es sich empfehlen, zunächst den in Wasser löslichen und unlöslichen Theil der Asche

Procentische Zusammensetzung

der

Asche verschiedener Pfeffersorten.

	S_1O_2	HCl	SO_3	CO_2	P_2O_5	K_2O	Na_2O	CaO	MgO	Fe_2O_3	Mn_2O_3
Schwarzer Pfeffer unbekannter	6,36	5,59	4,03	17,28	11,10	32,49	1,55	16,07	3,31	2,16	0,81
Abstammung	1,61	6,83	4,05	20,10	9,46	34,72	4,77	13,55	4,46	0,99	—
Schwarzer Pfeffer Malabar 1883.	1,54	8,71	4,00	19,17	11,06	27,39	5,50	15,02	7,56	0,85	0,18
Weisser Pfeffer unbekannter Abstammung	2,62	0,58	3,24	11,90	29,34	5,10	0,74	35,12	9,54	2,22	0,89
Weisser Pfeffer Singapore	1,46	0,90	3,75	10,01	30,75	7,15	0,84	31,05	11,64	1,86	0,21

festzustellen, sodann in der wässrigen Lösung auf Phosphorsäure (speciell bei weissem Pfeffer), ferner auf Kali; — in dem in Wasser unlöslichen Theile bei schwarzem Pfeffer besonders auf den Gehalt an Phosphorsäure Rücksicht zu nehmen.

Wenn auch hier, ebenso wie beim Extract bemerkt ist, in Betracht gezogen werden muss, dass die Bodenbeschaffenheit des Standortes der Pfefferpflanze nicht ohne Einfluss auf die Zusammensetzung der Pfefferasche ist, so kann es doch immerhin wohl wünschenswerth erscheinen, dass von Seiten unserer Sachverständigen jede Gelegenheit benutzt wird, die Verhältnisse der Mineralbestandtheile des Pfeffers in der hier angedeuteten Weise näher zu studiren.

In dritter Reihe handelte es sich um die Methode der Piperinbestimmung und um den Wert derselben.

Die bislang üblichen Bestimmungsmethoden sind unzuverlässig: auch bei den hier angestellten Versuchen gelang es nicht, eine bessere Methode ausfindig zu machen. Das Verfahren von Cazeneuve und Caillol (Eintrocknen mit Kalk und Extraction mit Aether) muss zunächst noch als das beste angesehen werden, obschon das Product der Extraction keineswegs reines Piperin — eher Piperin plus Harz — zu nennen ist. Es wurden mancherlei Versuche gemacht das Harz zu beseitigen, so durch Eintrocknen des Pfefferpulvers mit frisch gefälltem Bleihydroxyd, durch Behandeln des Extractes mit Natronlauge, mit Natriumcarbonat oder alkoholischer Bleiacutatlösung, durch Extraction mit Petroläther, Chloroform, Ligroin etc.; allein ein besseres Resultat wurde nicht erzielt. Weitere Versuche wurden sodann vorläufig aufgegeben und die Piperinmengen in einigen Pfefferproben nach der Methode von Cazeneuve und Caillol bestimmt, um wenigstens ein · Urtheil über die in der Literatur angeführten Zahlen zu erhalten.

In schwarzen Pfeffersorten wurden gefunden 4,9—7 $\frac{0}{0}$, in weissen Sorten 3,9—5,8 $\frac{0}{0}$ Piperin. Die vollständige Extraction erforderte mindestens 12 Stunden.

Da die Angaben der Literatur über den Schmelzpunkt des Piperins auseinandergehen — man findet denselben nämlich zu 100 ⁰ C., zu 128—129⁰ und in Flückiger's neuester Pharmakognosie sogar zu 145 ⁰ C. angegeben — so wurden einige Schmelzpunktbestimmungen mit selbst gewonnenem sowohl wie mit aus Droguengeschäften bezogenem Piperin gemacht. Die Rügheimer'sche Angabe — 128 bis 129 ⁰ C. — wurde bestätigt.

Kurz nach Abschluss dieser Arbeit veröffentlichte W. Lenz in Fresen Z. 1884 p. 501 eine neue Methode der Prüfung von Pfeffersorten. Dieselbe ist gegründet auf die Inversion der Stärke und Bestimmung, des gebildeten Zuckers, wobei allerdings einerseits auch noch andere Stoffe als Stärke (Cellulose etc.) invertirt, andererseits auch wieder andere Körper als Zucker allein eine reducirende Wirkung auf Fehling'sche Lösung ausüben.

Die Methode schien beachtenswerth, und es wurde in 14 Pfefferproben eine Stärke- bezw. Zuckerbestimmung ausgeführt. Das Verfahren war folgendes: 3—4 g Pfefferpulver, das vorher 3 Stunden über Schwefelsäure gestanden war, wurden in einem Kochkolben gewogen, mit

200 ccm destillirten Wassers und 20 ccm einer 25 $\frac{0}{0}$igen Salzsäure übergossen und 3 Stunden am Rückflusskühler im siedenden Wasserbade erhitzt. Nach dem Erkalten wurde in einen 500 ccm Kolben filtrirt, neutralisirt, auf 500 ccm aufgefüllt und nun der Reductionswerth der Flüssigkeit gegen Fehling'sche Lösung festgestellt.

Lenz fand bei keiner der von ihm untersuchten Pfefferproben weniger als 50 $\frac{0}{0}$ der aschefreien Trockensubstanz an reducirendem Zucker.

Die bei den hier angestellten Versuchen gewonnenen Zahlen bestätigen im Allgemeinen die Lenz'sche Angabe. Es wurde erhalten in schwarzem Pfeffer 51,2—60,3, in weissem Pfeffer 59,6—74,4 $\frac{0}{0}$ reduc. Zucker in der aschfreien Trockensubstanz. Die Probe Lampong-Pfeffer gab indess nur 41 $\frac{0}{0}$.

Nach Constatirung solch grosser Schwankungen dürfte dieser Methode doch wohl kein so hervorragender Werth beigelegt werden, da der Spielraum für einen Zusatz von Stärkemehl doch gar zu weit erscheint.

Die Lenz'sche Arbeit gibt indessen noch zu einigen Bemerkungen Anlass.

Verfasser zeigt, dass die Extractmengen bei gleichem Lösungsmittel, bei gleichem Material und bei gleich langer Extraction sehr verschieden ausfallen können, wenn mit verschiedenen Extractionsapparaten gearbeitet wurde und sagt dann: »Die Wahl unter den diversen Constructionen der letzteren ist keineswegs gleichgültig und wird für verschiedene Zwecke und Objecte jedenfalls entsprechend verschieden ausfallen.«

Weiterhin sind einige Proben einer successiven Extraction unterzogen und es heisst dann: »Eine Durchsicht dieser Versuche zeigt, dass auch von der successiven Extraction der Pfefferproben mit verschiedenen indifferenten Lösungsmitteln nichts zu hoffen ist; sie lehrt aber, dass bei Ausarbeitung conventioneller Untersuchungsmethoden — je nach der Art des vorliegenden Objectes — unter Umständen die Form des Extractionsapparates, das Lösungsmittel und die Zeitdauer der Extraction genau vorgeschrieben werden müssen.«

Hiezu sei Folgendes bemerkt: Die Form des Extractionsapparates erscheint völlig gleichgültig, allein es muss vor Allem die richtige Zeitdauer der Extraction eingehalten werden; diese kann aber niemals vorgeschrieben werden. Man muss so lange extrahiren, bis das Lösungsmittel, — dessen Wahl allerdings nicht gleichgültig und dessen Natur jedesmal anzugeben ist — nichts mehr aus der zu extrahirenden Substanz aufnimmt. Ist das nicht der Fall, so kann man überhaupt nicht von einer Extractbestimmung reden und niemals zuverlässige Grenzzahlen für dieselbe aufstellen.

Der Grund, weshalb Lenz den Aschengehalt als einen für eine notorische Verfälschung nur wenig beweisenden Factor aus den Resultaten der Analyse entfernen will, erscheint völlig unklar, wenn man Pfefferproben findet, welche den gewiss nicht bedeutungslosen Aschengehalt von 10—12, sogar 17 $\frac{0}{0}$ aufweisen.

Durch Verbrennen mit Natronkalk wurden schliesslich noch die Stickstoffmengen der vorliegenden Pfefferproben bestimmt. Dabei wurde die interessante Beobachtung gemacht, dass der Stickstoffgehalt sehr niedrig und die Schwankungen sehr gering sind. Es wurde 1,57 bis 2,0 $\frac{0}{0}$ Stickstoff gefunden.

Wenn wir nun die Resultate und Erfahrungen, welche bei vorstehender Arbeit gemacht wurden, zusammenfassen, so muss constatirt werden:

> Bei der Prüfung von Pfeffersorten des Handels müssen ausgeführt werden:

1. die mikroskopische Prüfung;
2. die Bestimmung des Gehaltes an Mineralbestandtheilen;
3. die Feststellung des Wassergehaltes.

Die Bestimmung des alkoholischen Extractes kann nur in speciellen Fällen von Bedeutung, niemals maassgebend sein.

Ergänzend zur Seite stehen die nähere Untersuchung der Mineralbestandtheile — in Wasser löslicher und unlöslicher Theil, Phosphorsäure, Alkalien — ebenso die quantitativen Bestimmungen des Piperins.

Eine ausführlichere Besprechung dieser Arbeit wird in kurzer Zeit an einem anderen Orte erfolgen.

Ueber Pfefferverfälschung

von **Halenke** und **Möslinger**, Speier.

Es giebt wohl kaum ein Gewürz, welches der Verfälschung in so ausgedehntem Maasse und in so vielfältiger Gestaltung ausgesetzt ist, als der gemahlene Pfeffer. Ausserdem befindet sich gerade den Pfefferverfälschungen gegenüber der Nahrungsmittelchemiker nicht selten in einer misslichen Lage. Einerseits sind die Begriffe eines reinen gemahlenen und eines gefälschten Pfeffers keineswegs so klar gelegt, dass man mit Sicherheit weiss, wie weit man bei der Beurtheilung eines an sich schlechten, minderwerthigen, beispielsweise viel Sand und Schalen haltenden Pfeffers gehen kann und darf, und anderseits machen sich dem Chemiker der Mangel an Untersuchungsmethoden, sowie die bekannten grossen Lücken in der einschlägigen Literatur auf das Empfindlichste fühlbar, so zwar, dass ein Beitrag auf diesem Gebiete, und sei er noch so bescheiden, jederzeit in hohem Grade wünschenswerth erscheint. In dieser aus der eigenen Erfahrung resultirenden Ueberzeugung habe ich es unternommen, einen derartigen Beitrag aus der Laboratoriumspraxis der Untersuchungsanstalt Speier zu liefern. Zu den weniger bekannten Verfälschungsmitteln des gemahlenen Pfeffers dürfte ein Material zählen, auf dessen Verwendung in der Pfeffermahlpraxis ich selbst erst vor einiger Zeit durch eine ohne Zweifel unvorsichtige Anfrage seitens einer rheinischen Gewürzmühle aufmerksam wurde. Dieses Material sind die auch officinellen »Paradieskörner,« Grana paradisi, die Samen einer auf Ceylon, Madagascar und Guinea einheimischen Pflanze, des Paradieskorn-Ingbers (Amomum gran. parad.). Die Paradieskörner besitzen, besonders im gemahlenen Zustande, einen äusserst gewürzhaften Geruch, sowie einen gleichen, brennenden, von dem des Pfeffers jedoch durchaus verschiedenen Geschmack und wurden besonders der letzteren Eigenschaft wegen früher gerne zur Verbesserung und Verschärfung des Essigs verwendet. Eine Verwendung der Paradieskörner zur Pfefferverfälschung findet statt, wenn eine Preisdifferenz zwischen den beiden Droguen besteht, d. h. wenn der Preis des Pfeffers ein höherer ist, als der der Paradieskörner. Diese bei gewissen Handelsconjuncturen eintretende Verfälschung des schwarzen gemahlenen Pfeffers, und eine solche ist es ohne Zweifel, dürfte nach unseren Erfahrungen eine ziemlich ausgedehnte sein, scheint aber keineswegs neueren Datums, wie aus einer diesbezüglichen Bemerkung in Joh. Karl König's Waarenlexikon (vierte Auflage) hervorgeht. Die Paradieskörner kommen von London, Amsterdam und Hamburg, den Emporien des Gewürzhandels, aus in den Handel und es erscheint bemerkenswerth, dass unsere Zollbehörden die Paradieskörner, die zu Zeiten in grossen Massen eingeführt werden und auch den Namen Guineapfeffer führen, in der That als Pfeffer besteuern.

Was nun die Erkennung der Paradieskörner im gemahlenen Pfeffer anbelangt, so ist zu bemerken, das man in dieser Beziehung, wie ja überhaupt bei der Untersuchung gemahlener Gewürze, ausschliesslich auf die Loupe und das Mikroskop angewiesen ist und dass man von der chemischen Untersuchung, eine mikrochemische Reaction vielleicht ausgenommen, Nichts zu erwarten hat. Um so beruhigender erscheint es, dass der makroskopische und mikroskopische Nachweis von Paradieskörnern in gemahlenem Pfeffer bei nur einiger Uebung keinerlei Schwierigkeiten bietet. Selbstverständlich muss man sich vorerst, wie dies ja auch in anderen Fällen nothwendig ist, durch eine vergleichende Untersuchung das mikroskopische Bild der gepulverten Paradieskörner einprägen. Dieses Bild ist ein ziemlich characteristisches, von dem des Pfeffers wesentlich verschiedenes. Die Stärke haltenden Zellen sind in erster Linie durchgängig grösser, als beim Pfeffer. Sie erscheinen lang gestreckt, 3—6mal so lang als breit, während die Stärke führenden Zellen des Pfeffers höchstens 2—3mal so lang als breit erscheinen. Die Stärke selbst ist bezüglich ihrer Form kaum verschieden von derjenigen des Pfeffers. Die Zellen lagern mit ihren Längsseiten aneinander und bilden in Folge dessen parallele Bündel, die an den Enden meist zugespitzt erscheinen. Eine mikrochemische Reaction besteht darin, dass der Zellinhalt der Paradieskörner mit verdünnter Salzsäure weiss bleibt, während der Zellinhalt beim Pfeffer mit Salzsäure sich bekanntlich gelb färbt. Ausserdem dürfte als ein chemisches Unterscheidungszeichen der Vervollständigung halber vielleicht noch anzuführen sein, dass das alkoholische Extract von reinen Paradieskörnern stets weich und schmierig bleibt, das vom reinen Pfeffer hingegen trocken und fest erscheint. In der Hauptsache wird man jedoch, wie bemerkt, stets auf das Mikroskop angewiesen sein.

Zwei von uns untersuchte Pfefferproben, welche nahezu identisch waren und die überhaupt interessant sein dürften wegen der Mannigfaltigkeit der Verfälschung zeigten folgende Zusammensetzung:

	I	II
Sand	4,3 $\frac{0}{0}$	4,3 $\frac{0}{0}$
Welschkorngries . . .	10,0 »	10,0 »
Paradieskörner . . .	25,0 »	25,0 »
Pfefferschalen	23,5 »	22,7 »
Reiner Pfeffer	37,2 »	38,0 »

Abgesehen von der kaum zulässigen Menge Sand waren die beiden Proben gemahlenen Pfeffers ausser mit Paradieskörnern auch noch mit Maisgries verfälscht. Damit war aber die Fälschung noch nicht erschöpft. Die beiden Proben enthielten nämlich überdies weit mehr Schalen, als reinem Pfeffer entspricht und es war deshalb die Annahme einer Vermischung mit Pfefferabfall ohne Zweifel gerechtfertigt. Auf diese Art der Werthverminderung von gemahlenem Pfeffer, sowie auf die gewichtliche Bestimmung der solchem Pfeffer beigemengten Pfefferschalen werde ich später noch eingehend zu sprechen kommen. Der Zusatz von Maisgries und Paradieskörnern zu den obigen Pfefferproben wurde selbstverständlich nur nach dem mikroskopischen Befunde geschätzt, Pfefferschalen und reiner Pfeffer dagegen wurden nach einer noch näher anzugebenden Methode berechnet.

Was den Gehalt der untersuchten beiden Proben an Sand anbelangt, so war die Menge desselben eine keineswegs geringe und es taucht bei dieser Gelegenheit die Frage auf, welchen Standpunkt der Chemiker bei Beurtheilung derartiger Pfefferproben einzunehmen hat. Der Gehalt an Sand in gemahlenen Pfeffern ist zuweilen ein ganz exorbitanter und diese Frage ist für den Nahrungsmittelchemiker um so wichtiger, als eine Verfälschung bei so sandhaltigen Pfeffern von den Lieferanten und Händlern schlechterdings in Abrede gestellt wird, da, wie von Seite der Interessenten behauptet wird, dieser Sand schon dem Rohmateriale anhafte und für eine Beseitigung dieser Unreinigkeiten vor dem Mahlen eine Verpflichtung seitens der Lieferanten keineswegs bestehe. Zur Illustration meiner Darlegungen lasse ich eine Anzahl Sandbestimmungen folgen, die in verschiedenen mir zur Untersuchung zugekommenen Proben gemahlenen schwarzen Pfeffers ausgeführt wurden. Die Bezeichnung »Sand« dürfte vielleicht insoferne nicht richtig gewählt sein, als sich die erhaltenen Zahlen nur auf den in Salzsäure unlöslichen Rückstand der Asche beziehen, wurde aber von uns der leichteren Verständlichkeit wegen für die Auftraggeber bisher beibehalten.

	Gesammt-asche.	In Hll. unlöslicher Rückstand (Sand).
Probe No. 1.	8,2 $\frac{0}{0}$	4,1 $\frac{0}{0}$
» » 2.	8,3 »	4,3 »
» » 3.	8,4 »	4,3 »
» » 4.	8,5 »	4,4 »
» » 5.	9,2 »	4,0 »
» » 6.	10,2 »	4,9 »
» » 7.	10,0 »	5,2 »
» » 8.	13,0 »	7,7 »
» » 9.	16,2 »	10,2 »

			Gesammt- asche.	In Hll. unlöslicher Rückstand (Sand).
Probe	No.	10. . . .	16,3 $\frac{0}{0}$	10,1 $\frac{0}{0}$
»	»	11. . . .	16,6 »	10,5 »
»	»	12. . . .	22,5 »	15,5 »
»	»	13. . . .	30,2 »	21,8 »
»	»	14. . . .	35,2 »	27,0 »

In Hinblick auf diese Zahlen erscheint es unerlässlich, unter den Nahrungsmittelchemikern eine Einigung in Bezug auf die zulässige Grenze des in Salzsäure unlöslichen Rückstandes bei gemahlenen Pfeffern zu erzielen. Eine derartige Verständigung wäre um so wünschenswerther, als in der That in jüngster Zeit die Urtheile zweier bayrischer Untersuchungsanstalten in Bezug auf den unter No. 8 aufgeführten Pfeffer mit 13 $\frac{0}{0}$ Asche und fast 8 $\frac{0}{0}$ Sand diametral auseinander gingen und auseinander gehen mussten, weil die eine Anstalt die 8 $\frac{0}{0}$ in Salzsäure unlöslichen Rückstand beanstandete, die andere dagegen diesen Gehalt unberücksichtigt liess. Ich habe hieran noch die Bemerkung zu knüpfen, dass nach unseren Untersuchungen eine Anzahl von uns selbst gemahlener schwarzer und weisser Pfeffer einen in Salzsäure unlöslichen Aschenrückstand ergaben, der stets nur zwischen 0,3 und 0,8 $\frac{0}{0}$ schwankte.

Eine weitere durch die grosse Concurrenz im Gewürzhandel hervorgerufene zur Zeit allgemein übliche Werthverminderung der gemahlenen Pfeffer besteht darin, dass man diesen die Mahlproducte von Pfefferabsiebsel, Pfefferschalen etc. beimengt. Wenn ich diese Verwerthung der Pfefferabfälle in der angedeuteten Weise nur eine Werthsverminderung der gemahlenen Pfeffer genannt habe, so geschah dies nur deshalb, weil die Nahrungsmittelchemiker ihr definitives Urtheil in dieser Beziehung noch nicht gesprochen haben; ich selbst bin aus naheliegenden Gründen geneigt, diese Manipulation schlechterdings als eine Verfälschung zu bezeichnen. Eine solche wird selbstverständlich von den Gewürzlieferanten auch für dieses Verfahren in Abrede gestellt und das letztere als ein harmloses, aus den Anforderungen der Käufer an den Preis resultirendes hingestellt. In Berücksichtigung des Umstandes, dass, nach meinen Erfahrungen wenigstens, die Vermischung gemahlener Pfeffer mit den geringwerthigeren Abfällen in ziemlich grossem Maassstabe betrieben wird, erscheint es zweifelsohne wünschenswerth, ein Urtheil der Nahrungsmittelchemiker von sachlichem Standpunkte aus zu provociren. Man hatte bislang auf eine derartige Verwerthung der Pfefferabfälle wenig Acht, vermuthlich aus dem Grunde, weil sich dieselbe der Erkennung leicht entzieht, obgleich bei scharfer Beobachtung eines mit viel Schalen vermengten gemahlenen Pfeffers das Uebergewicht der Schalentheile gegenüber dem Mahlkörper sich durch die Loupe wohl erkennen lässt. Da aber zur Lösung der Frage, in wie weit ein gemahlener Pfeffer, welcher ein offenbares Missverhältniss von Schalen und Mehlkörper zeigt, gefälscht erscheint, die blosse Constatirung eines solchen Schalenüberschusses nicht ausreicht, so haben wir den Versuch einer gewichtlichen Ermittelung des eventuellen Schalenüberschusses unternommen, wobei wir in der von Lenz (Zeitschr. f.

analyt. Chem. Bd. 23. p. 501) eingeschlagenen Richtung weiter verfuhren. Wir gingen hiebei einerseits von der Zusammensetzung eines reinen, von uns selbst gemahlenen schwarzen Pfeffers, anderseits von der Zusammensetzung reiner Pfefferschalen aus, wie wir sie aus einem selbstgemahlenen Pfeffer mit der grössten Sorgfalt auslasen. Die Ermittelung dieser Zusammensetzung erstreckte sich für den vorliegenden Zweck auf die Bestimmung von Dextrose (entstanden durch Inversion der Kohlehydrate), sowie auf die Bestimmung der Cellulose in reinem Pfeffer und reinen Pfefferschalen. Die Dextrose wurde nach Allihn, die Cellulose nach dem Henneberg'schen Verfahren bestimmt und beide stets auf aschefreie Trockensubstanz berechnet.

Bei der Untersuchung ergab sich nun für unten stehende Materialien folgender Gehalt an Dextrose und Cellulose:

	Dextrose.	Cellulose.
Reiner, selbstgemahlener schwarzer Pfeffer . .	56,0 $\frac{0}{0}$	15,65 $\frac{0}{0}$
Reine, ausgesuchte Pfefferschalen	16,40 »	45,00 »
Vier Proben zur Untersuchung eingesandten		
Pfeffers: I.	46,4 »	23,4 »
II.	40,8 »	28,1 »
III.	44,9 »	23,3 »
IV.	41,5 »	25,8 »
Pfefferabsiebsel, wie es sich beim Mahlbetriebe		
ergiebt	21,60 »	37,42 »

Zu den Dextrose- und Cellulosezahlen des reinen Pfeffers und der ausgesuchten Pfefferschalen ist Nichts weiter zu bemerken. Das Pfefferabsiebsel nähert sich in Bezug auf seinen Gehalt an Dextrose und Cellulose ziemlich den ausgesuchten Pfefferschalen, da es ja der Hauptsache nach aus diesen besteht. Was die vier von uns untersuchten Pfefferproben I—IV anbelangt, die nebenbei bemerkt von einem Lieferanten stammten, so erhellt aus den für Dextrose und Cellulose erhaltenen Zahlen auf den ersten Blick, dass man es hier mit keinem Mahlproducte von reinem Pfeffer zu thun hat, sondern dass die vier Proben sämmtlich unter Verwendung von Pfefferabfällen, Pfefferabsiebsel etc. nach einem gemeinsamen Recepte hergestellt wurden. Um nun die Menge dieser Zusätze, denen wir der Einfachheit wegen die Bezeichnung »Pfefferschalen« beilegen, zu eruiren, haben wir auf der Basis der einerseits für reinen Pfeffer, anderseits für reine Pfefferschalen erhaltene Zahlen von Dextrose und Cellulose, folgende allgemeine Formeln construirt.

$$x = \frac{100\,s - 100\,b}{a - b.}$$

$$y = 100 - x,$$

wobei x $=$ Gehalt an reinem Pfeffer,
  y $=$ Gehalt an Schalen,
  s $=$ Dextrose oder Cellulose im fraglichen Pfeffer,
  a $=$ Dextrose oder Cellulose im reinen Pfeffer,
  b $=$ Dextrose oder Cellulose in Pfefferschalen.

Da man nun nach dieser allgemeinen Formel einen Zusatz an Pfefferschalen sowohl auf Grund der Dextrosezahlen, als auch der Cellulosezahlen berechnen kann, so ergeben sich für beide Arten der Berechnung die beiden folgenden speciellen Formeln:

$$\text{Für die Dextrosezahlen:} \quad x = \frac{100\,s - 1640}{39,6.}$$

$$\text{Für die Cellulosezahlen:} \quad x = \frac{4500 - 100\,s}{29,35.}$$

Sämmtliche für den Buchstaben s einzusetzende Zahlen sind auf aschefreie Trockensubstanz zu berechnen.

Zum Beweise, wie annähernd die beiden Ausrechnungen auf Grund der Dextrose, und auf Grund der Cellulosezahlen sich decken, mögen die Rechnungsresultate hier Platz finden, die sich bei der Ermittelung eines Schalenzusatzes zu den oben angeführten vier Pfefferproben I—IV ergeben haben.

	Auf Grund der Dextrose		Auf Grund der Cellulose	
	Reiner Pfeffer.	Pfefferschalen.	Reiner Pfeffer.	Pfefferschalen.
Probe I. . . .	75,8 $\frac{0}{0}$ und	24,2 $\frac{0}{0}$	73,5 $\frac{0}{0}$ und	26,5 $\frac{0}{0}$
» II. . . .	61,6 » »	38,4 »	57,5 » »	42,5 »
» III. . . .	72,1 » »	27,9 »	74,0 » »	26,0 »
» IV. . . .	63,3 » »	36,7 »	65,4 » »	34,6 »

Die grösste Abweichung, die sich zwischen beiden Arten der Berechnungen ergiebt, beträgt 4,1 $\frac{0}{0}$, die geringste 1,9 $\frac{0}{0}$.

Ich glaube kaum, dass man in den Fällen, in denen es sich um annähernde gewichtliche Ermittelung der besprochenen Zusätze von Pfefferabfällen, Pfefferschalen, Pfeffergrus etc. zu gemahlenem Pfeffer handelt, wie solche in der That allgemein üblich sind, leichter und sicherer zum Ziele gelangen dürfte, als auf die von uns angegebene Weise. In wie weit der von uns eingeschlagene Weg eventuell auch zur Ermittelung anderer Verfälschungen des gemahlenen Pfeffers führen kann, muss vorläufig dahin gestellt bleiben. Wir betrachten auch unsere Untersuchungen keineswegs als abgeschlossen und können sie schon aus dem Grunde nicht als solche betrachten, weil uns das bisher gesammelte Material noch nicht als genügend erscheinen darf. Als ein Fingerzeig in der angegebenen Richtung dürften indes unsere Mittheilungen für den Nahrungsmittelchemiker immerhin von einigem Werthe sein.

Des Weiteren seien mir einige Worte über die Brauchbarkeit der Bestimmung des alkoholischen Extractes bei Gewürzuntersuchungen gestattet. Diese Bestimmung des alkoholischen Extracts in gemahlenen Gewürzen, speciell in Pfeffern, die eine Zeit lang in der That als verwerthbar galt und als solche auch von verschiedenen Forschern hingestellt wurde, hat keineswegs geleistet, was man sich von ihr versprochen, eine Erfahrung, die zweifelsohne keinem Chemiker erspart blieb, der sich mit Gewürzuntersuchungen näher beschäftigen musste. Es mag wohl Fälle geben, von so prägnanter Natur, dass der abnorme Befund für alkoholischen Extract mit als Beweismittel für eine stattgehabte Fälschung gelten kann. Für sich allein dürfte die Bestimmung des alkoholischen Extractes wohl kaum entscheidend sein, ganz abgesehen davon, dass so ausgesprochene Fälschungsfälle nicht mit zu den häufigsten gehören und dass man in den weitaus meisten Fällen mit den für alkoholischen Extract erhaltenen Zahlen in der That Nichts zu beginnen weiss. Zum Beweise dessen führe ich an, dass in den zahlreichen Fällen, in denen es sich um notorisch stattgefundene Vermischungen des gemahlenen Pfeffers mit Pfefferschalen und Pfeffergrus handelte, die Zahlen für alkoholischen Extract uns nicht den geringsten Aufschluss oder nur Anhaltspunkt für die in Rede stehende Werthverminderung des Pfeffers geben konnten.

Zur Milchanalyse

von Halenke und Möslinger, Speier.

Unter allen bekannten Methoden, welche die rasche Bestimmung des Milchfettes zum Ziel haben, nimmt diejenige von Soxhlet den hervorragendsten Platz ein. Leider lässt diese Methode, an sich von so unzweifelhafter Präcision, dann im Stich, wenn es sich um die Untersuchung von nicht mehr ganz frischer Milch handelt, ein Fall, der eintreten wird, wenn bei Gelegenheit grösserer Enqueten mehr Proben an die Untersuchungsstelle gelangen, als selbst der mit der Methode vertraute Chemiker zu bewältigen vermag. In solcher Lage befand sich die Untersuchungsanstalt Speier in diesem Sommer. Man war genöthigt, eine grössere Anzahl Milchproben über Eis zwei Tage hindurch aufzubewahren und musste darauf bei Anwendung der Soxhlet'schen Methode gleich Schmöger (Fres. Zeitschr. XXIV. p. 131) die Erfahrung machen, dass eine Abscheidung hinreichender Mengen Aetherfettlösung nicht mehr vor sich gehen wollte. Auch eine mehrfache Wiederholung der Probe führt nicht zum Ziele und bei zu vorsichtigem, wenig energischem Ausschütteln gelangt man sogar zu gänzlich fehlerhaften Resultaten, die in der ungenügenden Extraction der Milch ihren Grund haben. Es blieb in diesem Falle nichts übrig, als die gewichtliche Bestimmung des Fettes aus der Trockensubstanz wieder in ihr altes Recht einzusetzen.

Um für die Zukunft solchen Uebelständen vorzubeugen, haben wir nach einer Methode der Fettbestimmung Umschau gehalten, welche hinreichende Genauigkeit mit Sicherheit der Ausführbarkeit unter den beregten Umständen verbindet und fanden eine solche in der von Liebermann (Fres. Zeitschr. XXII. p. 383 und XXIII. p. 476) beschriebenen volumetrischen Methode. Hinsichtlich deren Ausführung sei auf den angezogenen Ort verwiesen und hier nur bemerkt, dass wir die directe Wägung des erhaltenen Fettrückstandes der volumetrischen Messung desselben aus leicht begreiflichen Gründen vorzogen.

Die Liebermann'sche Methode ist nicht blos bei über Eis gestandenen und mehrere Tage alter, sondern sogar bei schon sauer gewordener Milch ausführbar. Sie ergiebt nach unseren Erfahrungen Resultate, welche um höchstens $0{,}1\,\tfrac{0}{0}$ von der gewichtsanalytischen Bestimmung differiren und daher, was Genauigkeit anlangt, für die practische Beurtheilung einer Milch zum Zweck der Milchcontrole völlig ausreichen. Wir können die Methode demnach in jeder Hinsicht empfehlen.

Ausser auf Erlangung einer rasch und sicher ausführbaren Methode zur Bestimmung des Milchfetts haben wir in letzter Zeit unser Augenmerk auf die Möglichkeit einer rechnerischen Controle der Milchanalyse gerichtet, welche durch die gegenseitigen Beziehungen, zwischen den drei Factoren: Specifisches Gewicht, Trockensubstanz und Fett, eröffnet wird. Nicht immer ist man, beispielsweise bei sich häufenden Untersuchungen zum Zwecke der Marktcontrole, in der Lage, Doppelbestimmungen, die an sich das Wünschenswertheste wären, eintreten zu lassen. Jeder ausübende Analytiker wird daher die Möglichkeit, bei der Analyse erhaltene Zahlen durch Rechnung auf ihre gegenseitige Richtigkeit zu prüfen, willkommen heissen. Solche Controle erhöht in nicht geringem Grade zugleich die Sicherheit des Arbeitenden und das Vertrauen in die erhaltenen Resultate, sie gestattet überdies, die Angaben ungeübter Dritter, z. B. diejenige Polizeibediensteter etc. sicher zu beurtheilen und endlich, wenn die Bestimmung einer der drei Factoren aus irgend einem Grunde unterbleiben musste, denselben durch Rechnung zu finden.

Versuche und Vorschläge in dieser Richtung mit Aufstellung bestimmter Formeln sind bereits mehrfach gemacht[1]) und zuletzt ist eine Kritik derselben durch Vieth[2]) veröffentlicht worden, aus welcher hervorgeht, dass die Resultate der vier Berechnungsmethoden sehr erhebliche Differenzen ergaben.

Als wir im Sommer dieses Jahres auf Grund eigener sehr sorgfältig ausgeführter Milchuntersuchungen in den Stand gesetzt waren, die Richtigkeit der angegebenen Berechnungsweisen zu erproben, war es unter allen die Formel von Clausnitzer und Mayer, welche ihrer Einfachheit wegen uns für die Praxis am handlichsten schien und daher von uns zur Grundlage gewählt wurde. Sie lautet:

$$x = t \cdot 0{,}789 - \frac{s-1}{0{,}00475},$$

worin x den Procentgehalt an Fett
    t » » » Trockensubstanz
    s das spec. Gewicht der Milch

bedeutet.

Wir fanden alsbald, dass die Formel in dieser Gestalt für die gesuchten Fettprocente ganz unbrauchbare, durchschnittlich um 0,4 % gegen den wirklich gefundenen Werth zu niedrige Zahlen ergab, was zum Theil seinen Grund in der wesentlich abweichenden Trockensubstanzbestimmung der beiden Autoren haben mochte. Sie liess sich indessen dadurch leicht für unsere Art der Milchuntersuchung, und damit für unsere Zwecke anpassen, dass man in der Entwicklungsgleichung

---

1) Behrend und Morgen, Jahresbericht der Agriculturchemie 1879 p. 472
   Clausnitzer und Mayer . . . . ibid. . . . . p. 483
   Fleischmann und Morgen . . . . . ibid. . . . . 1882 p. 452
   Hehner . . . . ibid. . . . . p. 463
   Wynter-Blyth . . . . ibid. . . . . p. 463
2) Vieth . . . . ibid. . . . . . . 1883 p. 449

$$1 + (t - x)\, 0{,}00375 - s = x \cdot 0{,}0010$$

die Constante 0,00375 auf 0,0040 erhöhte, mit andern Worten, dass man die Annahme machte, je ein Procent Mehrgehalt an Nichtfett erhöhe das specifische Gewicht der Milch nicht um 0,00375, sondern um 0,0040.

Die Formel, so verändert, lautet nunmehr:

$$x = t \cdot 0{,}8 - \frac{s - 1}{0{,}005}$$

In der nachfolgenden Tabelle sind die durch die Analyse ermittelten und die mittels obiger Formel durch Berechnung gefundenen Werthe nebeneinander gestellt, wobei zu bemerken ist, dass immer einer der drei Factoren aus den für die beiden anderen analytisch gefundenen Zahlen herausgerechnet wurde.

No.	Spez. Gew.			Prozente Fett			Prozente Trockensubstanz		
	gefunden	berechn.	Differenz	gefunden	berechn.	Differenz	gefunden	berechn.	Differenz
1.	1,0230	1,0223	— 0,0007	5,80	5,65	— 0,15	12,82	13,00	+ 0,18
2.	1,0316	1,0320	+ 0,0004	2,67	2,77	+ 0,10	11,36	11,24	— 0,12
3.	1,0332	1,0330	— 0,0002	3,39	3,35	— 0,04	12,49	12,54	+ 0,05
4.	1,0322	1,0332	+ 0,0010	2,43	2,63	+ 0,20	11,34	11,09	— 0,25
5.	1,0292	1,0295	+ 0,0003	2,97	3,04	+ 0,07	11,10	11,01	— 0,09
6.	1,0314	1,0310	— 0,0004	3,05	2,98	— 0,07	11,57	11,66	+ 0,09
7.	1,0288	1,0286	— 0,0002	3,20	3,16	— 0,04	11,15	11,20	+ 0,05
8.	1,0278	1,0275	— 0,0003	3,83	3,76	— 0,07	11,65	11,74	+ 0,09
9.	1,0314	1,0316	+ 0,0002	1,84	1,88	+ 0,04	10,20	10,15	— 0,05
10.	1,0276	1,0267	— 0,0009	3,48	3,30	— 0,18	11,03	11,26	+ 0,23
11.	1,0273	1,0268	— 0,0005	2,70	2,60	— 0,10	10,08	10,21	+ 0,13
12.	1,0299	1,0298	— 0,0001	3,15	3,13	— 0,02	11,40	11,41	+ 0,01
13.	1,0288	1,0280	— 0,0008	3,30	3,14	— 0,16	11,12	11,32	+ 0,20
14.	1,0313	1,0305	— 0,0008	4,20	4,04	— 0,16	12,87	13,07	+ 0,20
15.	1,0315	1,0316	+ 0,0001	3,12	3,14	+ 0,02	11,80	11,78	— 0,02
16.	1,0317	1,0316	— 0,0001	3,11	3,10	— 0,01	11,80	11,81	+ 0,01
17.	1,0331	1,0324	— 0,0007	3,32	3,17	— 0,15	12,25	12,44	+ 0,19
18.	1,0306	1,0310	+ 0,0004	3,18	3,27	+ 0,09	11,74	11,63	— 0,11
19.	1,0332	1,0338	+ 0,0006	2,80	2,92	+ 0,12	11,95	11,80	— 0,15
20.	1,0320	1,0320	+ 0,0000	3,34	3,34	± 0,00	12,18	12,17	— 0,01
21.	1,0352	1,0361	+ 0,0009	4,21	4,39	+ 0,18	14,29	14,07	— 0,22
22.	1,0311	1,0310	— 0,0001	3,01	3,00	— 0,01	11,53	11,54	+ 0,01
23.	1,0317	1,0322	+ 0,0005	3,41	3,50	+ 0,09	12,30	12,19	— 0,11
24.	1,0332	1,0344	+ 0,0012	4,41	4,64	+ 0,23	14,10	13,81	— 0,29
25.	1,0328	1,0330	+ 0,0002	4,06	4,11	+ 0,05	13,34	13,28	— 0,06
26.	1,0342	1,0343	+ 0,0001	4,31	4,34	+ 0,03	13,98	13,94	— 0,04
27.	1,0322	1,0325	+ 0,0003	3,04	3,10	+ 0,06	11,93	11,86	— 0,07
28.	1,0323	1,0325	+ 0,0002	3,18	3,22	+ 0,04	12,12	12,06	— 0,06
29.	1,0327	1,0321	— 0,0006	3,21	3,09	— 0,12	12,04	12,22	+ 0,18
30.	1,0333	1,0331	— 0,0002	3,54	3,50	— 0,04	12,70	12,75	+ 0,05
Durchschnitt	1,0311	1,0311	± 0	3,375	3,375	± 0	12,008	12,008	± 0

Wie man sieht, ergiebt die Berechnung Zahlen, welche sich im Dnrchschnitt mit den direct gefundenen völlig decken, im Einzelnen aber so wenig von den letzteren abweichen, dass das Resultat ein durchaus befriedigendes genannt zu werden verdient. Es erhellt aus der Tabelle mit überzeugender Deutlichkeit, dass auf dem angegebenen Wege in der That sowohl eine Analysencontrole, als auch eine Berechnung entweder des spec. Gewichts, oder der Trockensubstanz oder des Fettes einer Milch ermöglicht ist, sobald zwei von diesen drei Factoren hinlänglich genau bekannt sind.

Allein so befriedigend das Bild der Tabelle mit seiner gleichen Zahl positiver und negativer Abweichungen sich darstellt, so darf doch keinen Augenblick vergessen werden, dass obige Formel nur dann zutreffend sein kann, wenn die Methoden der analytischen Untersuchung streng dieselben sind, wie sie zur Aufstellung jener geführt haben. Dies gilt namentlich für die Bestimmung der Trockensubstanz und diejenige des spec. Gewichts, während wir die Bestimmung des Fettgehaltes, nach Soxhlet, Liebermann oder nach der Gewichtsmethode ausgeführt, als weniger zu Differenzen neigend ansehen. Es seien in Folge dessen noch einige erläuternde Bemerkungen verstattet hinsichtlich der Methoden, welche in der Untersuchungsanstalt Speier zur Feststellung der Trockensubstanz und des spec. Gewichts dienen.

Die Bestimmung der Trockensubstanz in der Milch wurde von uns stets in der Weise vollzogen, dass 10 g resp. ccm Milch in flachen Meissener Porzellanschälchen No. 10 (oberer Durchmesser 80 mm) mit 15 g extrahirten, ausgeglühten Seesandes auf offenem Wasserbade zunächst bis zur breiigen Consistenz, dann unter oft wiederholtem Umrühren, Zerstören der jedesmal neu sich bildenden Decke und gehörigem Zerkleinern der zuletzt entstandenen Klumpen mittelst des Glasstabes bis zur Trockniss abgedampft wurden und die Rückstände alsdann auf demselben stark kochenden Wasserbade zwei Stunden hindurch sich selbst überlassen blieben. Eine lange Erfahrung hat gezeigt, dass auf diese Weise völlige Trockenheit erreicht wird unter Vermeidung jeglicher Zersetzung und, was wesentlich ist, bei der Wägung Zahlen von ausgezeichneter Uebereinstimmung resultiren.

Was ferner die Bestimmung des spec. Gewichts der Milch anlangt, so sind wir bekanntlich durch Recknagel's Untersuchungen auf eine bisher wenig beachtete Eigenschaft der Milch von Neuem aufmerksam gemacht worden. Diese Eigenschaft besteht darin, dass die Milch nach dem Verlassen des Euters ihr Eigengewicht nicht constant beibehält, sondern langsam einer merkbaren Verdichtung entgegengeht, die meist um eine Einheit der dritten Decimale herum, in Fällen besonderen Gehaltreichthums bis mehr als zwei Einheiten derselben beträgt. Die Contraction hat ihren Höhepunkt erreicht und das spec. Gewicht der Milch bleibt von da ab constant, wenn die Milch zwölf Stunden hindurch auf 15 $^\circ$ C. oder ein paar Stunden auf 0 $^\circ$ C. abgekühlt wurde.

Unsere eigenen Beobachtungen haben die Angaben Recknagel's nur vollinhaltlich bestätigen können.

Es liegt auf der Hand, dass eine so geartete Eigenschaft der Milch auf die Bestimmung des spec. Gewichts derselben, sobald es sich um einen gewissen Grad von Genauigkeit handelt, von Einfluss sein muss. Wir besitzen in den neuerlich von Soxhlet, Recknagel u. A. construirten Lactodensimetern Instrumente, welche das spec. Gew. bis in die vierte Decimale genau erkennen lassen und mit Hilfe dieser Instrumente ist man in der That leicht im Stande, jene soeben beregte Abnormität der Milch zu constatiren. Um daher für die Zwecke obiger Berechnung, welche die Kenntniss unter einander vergleichbarer, also nicht mehr veränderlicher spec. Gewichtszahlen erfordern, die letzteren mit genügender Sicherheit feststellen zu können, ist es vor allen Dingen nöthig, dass die Milch vor der entscheidenden Ablesung am Densimeter durch geeignete Behandlung in das Stadium ihrer höchsten, unveränderlichen Dichtigkeit gebracht werde.

Wir haben dem zu Folge bei den Bestimmungen des spec. Gewichts der Milch regelmässig Doppelablesungen gemacht, und zwar in der Weise, dass die Probe sofort beim Eintreffen und darauf nach mindestens 12stündigem Stehen in Kellertemperatur von Neuem gewogen wurde. War die Differenz zwischen beiden Ablesungen grösser als eins in der dritten Decimale, so wurde nach abermals 12 Stunden eine dritte Ablesung gemacht, war sie geringer, so unterblieb dies, in jedem Falle aber wurde die letzte Ablesung als die richtige für die Zwecke der Berechnung herangezogen. Auf diese Weise erhält man Zahlen von der erreichbaren wünschenswerthen Präcision und Vergleichbarkeit.

Zum Schluss sei hier noch darauf aufmerksam gemacht, dass man vermöge dieser mehrfachen Ablesungen öfters auch im Stande ist, die Milch auf die Frage, ob sie Abendmilch vom vorhergehenden oder Morgenmilch von demselben Tage vorstelle, zu prüfen, natürlich nur dann, wenn man in der Lage ist, die erste Ablesung schon im Laufe der ersten Vormittagsstunden anzustellen. Eine alsdann nach zwölfstündigem Stehen bei 15° C. eingetretene Verdichtung von etwa 7 und mehr Einheiten der vierten Decimale würde auf Morgenmilch, eine solche von nur ein bis drei Einheiten auf Abendmilch resp. ältere Milch hindeuten. Eine diesbezügliche Beurtheilung kann unter Umständen von Werth sein, namentlich ist sie oft geeignet, die Glaubwürdigkeit der Angaben von Milchverkäufern in das rechte Licht zu stellen.

Ueber Weinsteinverfälschung.

Vor nicht langer Zeit machte eine interessante Notiz von Rad und Hirzel in Pferrsee die Runde durch die chemische Welt, wonach eine auffallende Verfälschung von käuflichen Fassweinsteinen mit Sulfaten durch die genannten Herren constatirt worden sein sollte. Dieser Fassweinstein entstammte einer grossen rheinischen Weinsteinhandlung und wurde Gegenstand eines Strafprocesses, in dem die Untersuchungsanstalt Speier expertisch zu fungiren hatte. Die Acten in diesem nahezu illustren Processe, der ein eigenthümliches Licht auf die

Reellität im Weinsteinhandel zu werfen geeignet ist, sind noch nicht geschlossen und ich kann mich deshalb, ohne mich dem Vorwurfe einer Amtsindiscretion auszusetzen, nur auf die Mittheilung der Verfälschungsart beschränken, ohne auf die interessanten Details der Herstellung so verfälschter Weinsteine näher eingehen zu können. Das zur Fälschung des Weinsteins verwendete Material war indess nicht, wie die Herren Rad und Hirzel angaben, saures schwefelsaures Natron, sondern Alaun. Nun ist es nicht unwahrscheinlich, dass auch das Natriumbisulfat zur Fälschung des Weinsteins verwendet wird, obgleich wir in sämmtlichen uns aus Anlass des erwähnten Processes zugekommenen Proben verfälschten Weinsteins die Verfälschung stets nur auf eine Vermischung mit Alaun zurückzuführen vermochten. Die Verfälschungsart war eine chemisch um so raffinirtere, als hiezu ein Material gewählt wurde, wie es sich zu dem vorliegenden Zwecke nicht besser hätte eignen können.

Es ist bekannt, dass zur Werthbestimmung des Rohweinsteins in der Praxis das Titrirverfahren allgemein üblich ist und dass die Fehler, die diesem Verfahren anhängen, einfach unberücksichtigt zu bleiben pflegen. Titrirt man nun einen mit Alaun versetzten Weinstein, so erhält man, wenn die Vermengung rationell ausgeführt wurde, Zahlen für Kaliumbitartrat, die dadurch, dass man die in Thonerde gefundene Schwefelsäure mittitrirt, derjenigen für reinen Fassweinstein ziemlich nahe kommen. Das Ergebniss der Titration wird also in diesem Falle keineswegs den Verdacht einer Fälschung erregen und es sind in der That, wie aus den Acten zu entnehmen ist, eine grosse Anzahl solcher mit Alaun verfälschter Weinsteine auf die übliche Werthbestimmung hin durch Titration vollkommen unbeanstandet geblieben. Es wurde auch von Seiten der Fälscher Sorge dafür getragen, dass der beigemengte Alaun in Bezug auf äussere Eigenschaften sich nicht allzuleicht kenntlich machte, wenngleich in allen Fällen, die uns vorlagen, schon eine eingehende mikroskopische Besichtigung des Materials unbedingt den Verdacht einer fremden Beimengung erregen musste, ein einziger Fall ausgenommen, in dem es sich um einen weissen gepulverten, ebenfalls mit 19 $\frac{0}{0}$ Alaun versetzten Cremor tartari handelte. Was nun die Erkennung einer Verfälschung mit Alaun anbelangt, so bietet eine solche dem geübten Chemiker keinerlei Schwierigkeit. Einerseits giebt die beträchtliche Reaction auf Schwefelsäure, die schon in der kalten Lösung angestellt werden kann, einen Fingerzeig, anderseits die qualitative Reaction auf Thonerde, welch' letztere aber selbstverständlich nur an dem Verbrennungsrückstande des Weinsteins nachzuweisen ist, da die weinsauren Salze die Füllung der Thonerde bekanntlich verhindern. Ich erwähne diese eigentlich ganz selbstverständliche Manipulation aus dem Grunde, weil in der That verschiedenen Chemikern, die in der gleichen Angelegenheit Gutachten abgegeben haben, die Thonerde in den mit Alaun verfälschten Weinsteinen ganz oder theilweise entgangen ist. Ueberhaupt sind die verschiedenen Urtheile interessant, welche bezüglich der authentisch gleichen Proben dieser mit Alaun verfälschten Weinsteine von verschiedenen Chemikern abgegeben wurden und die ein eigenthümliches Licht auf die Fähigkeit

8*

und Zuverlässigkeit mancher chemischer Sachverständigen werfen, mögen sie gerichtlich vereidigt sein, oder nicht. So spricht eine Untersuchungsanstalt stets nur von Natriumbisulfat statt von Alaun und rechnet merkwürdiger Weise das erstere sogar in Procente um. Eine andere Untersuchungsanstalt findet in einem mit 33 % Alaun verfälschten Weinsteine 2,5 % Alaun und Sand und erklärt überdies diesen Alaungehalt als einen für Fassweinstein völlig normalen, von Trauben, resp. Wein herrührend. Ein dritter, gerichtlich vereidigter Chemiker endlich beweist die völlige Abwesenheit von Schwefelsäure und Thonerde in einer Probe Weinstein, der notorisch 34 % Alaun enthält. O arme Chemie, was wird an dir gesündigt!

Um wieder auf die Untersuchung von mit Alaun verfälschten Weinsteinen zurückzukommen, so ist es nothwendig, die heisse wässerige Weinsteinlösung, die den gesammten Alaun enthält, einzudampfen und in dem Glührückstande die Thonerde zu bestimmen, um diejenige Thonerde auszuschliessen, die in der Form von erdigen Bestandtheilen vorhanden ist, wie solche den Rohweinsteinen stets anhängen. Ferner haben wir die Beobachtung gemacht, dass bei kalter Digestion derartiger mit Alaun verfälschter Weinsteine stets ein Manko von Schwefelsäure gegenüber der Thonerde sich bemerklich macht, namentlich wenn die Lösungen verhältnissmässig concentrirt sind, und wir vermuthen, dass diese Erscheinung auf eine Ausscheidung schwerlöslicher saurer Sulfate unter gleichzeitiger Bildung von weinsaurer Thonerde in der kalten Lösung zurückzuführen ist. Dieses Hinderniss für die exacte Bestimmung der Schwefelsäure wird beseitigt, wenn man den Weinstein heiss in Lösung bringt und die SO_3 nach dem Erkalten bestimmt.

Zum Schlusse mögen die Resultate einer Anzahl von Weinsteinuntersuchungen Platz finden, die sich auf eine Verfälschung von Rohweinsteinen mit Alaun beziehen.

Verschiedene Proben untersuchter Weinsteine.

Laufende Nr.	Bezeichnung des Weinsteins.	Gehalt an Weinstein durch Titration.	Wirklicher Weinstein.	Gehalt an Alaun.
		%	%	%
1.	Prima Fassweinstein . .	87,64	37,69	42,11
2.	Prima Fassweinstein . .	89,44	69,25	16,95
3.	Gemahlener Weinstein .	61,31	42,09	16,16
4.	Hefeweinstein	90,15	84,73	4,54
5.	Fassweinstein	85,32	68,68	13,99
6.	Gemahlener Fasswein-stein	83,94	46,91	31,12
7.	Gemahlener Tresterwein-stein	77,50	63,17	12,04
8.	Gemahlener Tresterwein-stein	82,79	58,68	11,86
9.	Gemahlener Crem. tar-tari	96,82	74,35	18,90
10.	Gemahlener Crystallwein-stein	86,01	58,68	23,00
11.	Gemahlener Fasswein-stein	84,86	66,38	15,56
12.	Gemahlener Fasswein-stein	83,48	57,03	22,23
13.	Fassweinstein	85,78	56,80	24,36
14.	Fassweinstein	82,10	42,98	32,88
15.	Gemahlener Fasswein-stein	82,33	42,65	33,35
16.	Hefeweinstein	86,24	63,20	19,36
17.	Fassweinstein	83,25	78,73	3,80
18.	Prima gemahlener Wein-stein	83,25	43,63	33,35

Unsere Untersuchungen über die beobachtete Verfälschung des Weinsteins mit Alaun datiren bis zum Februar dieses Jahres zurück und wir wollten bis zur Beendigung des Eingangs erwähnten Processes mit unseren Mittheilungen hierüber zurückhalten. Inzwischen ist eine gleichlautende Notiz von Ziurek (Chem. Zeit. 1885 No. 76) erschienen, welche ebenfalls die Verfälschung der Weinsteine mit Alaun behandelt und zwar in demselben Falle, von welchem ich gesprochen. Die Vermuthung Ziurek's, dass das Fälschungsmittel aus Alaun mit gepulverter Weinhefe hergestellt wurde, ist vollkommen richtig, wie auch wir constatirt haben und wie aus dem einschlägigen Actenmateriale mit ziemlicher Sicherheit hervorgeht. Auch Ziurek spricht die Meinung aus, dass sich die Herren Rad und Hirzel möglicherweise getäuscht haben, indem es sich im vorliegenden Falle nicht um einen Zusatz von Natriumbisulfat, sondern um einen solchen von Alaun handeln dürfte. Im Uebrigen haben unsere Mittheilungen nur den Zweck, die Collegen auf eine derartige, ohne Zweifel nicht selten vorkommende Verfälschung von Rohweinsteinen aufmerksam zu machen.